高等院校计算机应用系列教材

# 计算机基础题解与上机指导

## （第六版）

顾沈明　主　编

谭小球　叶其宏　陈荣品　吴远红　副主编

清华大学出版社

北　京

## 内 容 简 介

本书是与教材《计算机基础》(第六版)配套的题解与上机实验指导。其主要内容包括《计算机基础》(第六版)各章内容(信息与计算机基础知识、操作系统、Word 2016 文字处理软件、Excel 2016 表格处理软件、PowerPoint 2016 演示文稿软件、计算机网络基础知识、数据库基础与 Access 2016、微机的组装与维护)的基本知识点和重点难点、习题、参考答案、上机实验练习指导,其中给出的基本知识点和重点难点有利于读者对全书内容的宏观把握,多种类型的习题有利于读者从不同角度理解各知识点,上机实验练习指导有利于读者提高实践动手能力。本书内容覆盖全国计算机等级一级(计算机基础及 MS Office 应用)考试大纲规定的内容。

本书可作为高等院校本科各专业学生学习计算机基础知识的辅助用书,也可作为各类计算机培训机构和自学者的参考用书。

**图书在版编目(CIP)数据**

计算机基础题解与上机指导 / 顾沈明主编. —6 版. —北京:清华大学出版社,2021.7(2022.9重印)
高等院校计算机应用系列教材
ISBN 978-7-302-58427-8

I. ①计… II. ①顾… III. ①电子计算机—高等学校—教学参考资料 IV. ①TP3

中国版本图书馆 CIP 数据核字(2021)第 102327 号

责任编辑:胡辰浩
封面设计:高娟妮
版式设计:妙思品位
责任校对:成凤进
责任印制:沈 露

出版发行:清华大学出版社
    网　　址:http://www.tup.com.cn,http://www.wqbook.com
    地　　址:北京清华大学学研大厦 A 座　　　　邮　　编:100084
    社 总 机:010-83470000　　　　　　　　　　邮　　购:010-62786544
    投稿与读者服务:010-62776969,c-service@tup.tsinghua.edu.cn
    质 量 反 馈:010-62772015,zhiliang@tup.tsinghua.edu.cn
印 装 者:北京国马印刷厂
经　　销:全国新华书店
开　　本:185mm×260mm　　　印　　张:11　　　字　　数:282 千字
版　　次:2010 年 8 月第 1 版　　2021 年 7 月第 6 版　　印　　次:2022 年 9 月第 2 次印刷
定　　价:69.00 元

产品编号:091383-01

# 前　言

　　"计算机基础"是学生学习计算机知识的入门课程，这门课程的知识面广且实践性强，内容包括信息与计算机基础知识、操作系统基本知识与 Windows、Word 文字处理软件、Excel 表格处理软件、PowerPoint 演示文稿软件、计算机网络与 Internet 的基础知识、数据库技术与 Access 数据库管理软件、微机的组装与维护等。因为这门课程的知识是深入学习其他计算机知识的基础，所以必须花时间掌握它。

　　如何能在比较短的时间内，让学生掌握"计算机基础"课程的内容，是计算机教育工作者要研究的课题。有的学生在学习"计算机基础"知识时，面对厚厚的教材，往往抓不住应该掌握的知识点；有的学生感觉"计算机基础"中的一些题很难回答；有的学生不清楚在上机实验时应该做些什么，以及如何做。编写本书的目的就是为学生掌握"计算机基础"知识提供帮助。

　　本书对《计算机基础》(第六版)各章知识进行了梳理，指出了各章的基本知识点和重点难点，便于学生学习各章的内容，学生可以根据这些知识点来掌握各章的知识体系。本书收集了各种类型的习题，有选择题、判断正误题、填空题、简答题。除简答题外，其他题都有参考答案。因为简答题答案的篇幅比较长，因此没有全部列出，学生可自行在《计算机基础》(第六版)中查找。本书结合各章内容，安排了一些上机实验练习，每个实验详细地给出了实验目的、实验内容以及实验的具体做法，通过这些上机实验练习，学生可以逐步学会各章的操作技术，提高实践动手能力。

　　本书与《计算机基础》(第六版)配套使用，涵盖了全国计算机等级考试中计算机一级考试的内容，可以作为计算机等级考试的辅导材料之一。本书内容比较丰富，在教学过程中，可以根据课时和考试的具体要求，对书中的内容进行取舍。本书条理清楚，语言流畅，通俗易懂，可作为高等院校本科各专业学生学习计算机基础知识的辅助用书，也可作为各类计算机培训机构和自学者的参考用书。

　　本书除封面上署名的浙江海洋大学的主编和副主编人员外，参与编写的人员还有亓常松、王广伟、乐天、毕振波、江有福、朱本浩、张建科、宋广军、侯志凌、侯佳辛、徐明昊、黄超、管林挺、谭安辉等。

　　由于编者水平有限，书中难免有不当之处，敬请读者批评指正。我们的邮箱为 992116@qq.com，电话为 010-62796045。

编　者
2021 年 3 月

# 目　录

第1章　信息与计算机基础知识 …………… 1
1.1　基本知识点 …………………………… 1
1.2　重点与难点 …………………………… 4
1.3　习题 …………………………………… 4
　　1.3.1　单项选择题 …………………… 4
　　1.3.2　判断正误题 …………………… 8
　　1.3.3　填空题 ……………………… 10
　　1.3.4　简答题 ……………………… 11
1.4　习题参考答案 ……………………… 12
　　1.4.1　单项选择题答案 …………… 12
　　1.4.2　判断正误题答案 …………… 12
　　1.4.3　填空题答案 ………………… 12
　　1.4.4　简答题答案 ………………… 13
1.5　上机实验练习 ……………………… 13
　　1.5.1　实验一　熟悉计算机的硬件组成 … 13
　　1.5.2　实验二　键盘的指法练习 … 14

第2章　操作系统 ………………………… 18
2.1　基本知识点 ………………………… 18
2.2　重点与难点 ………………………… 20
2.3　习题 ………………………………… 20
　　2.3.1　单项选择题 ………………… 20
　　2.3.2　判断正误题 ………………… 28
　　2.3.3　填空题 ……………………… 30
　　2.3.4　简答题 ……………………… 31
2.4　习题参考答案 ……………………… 31
　　2.4.1　单项选择题答案 …………… 31
　　2.4.2　判断正误题答案 …………… 32
　　2.4.3　填空题答案 ………………… 32
　　2.4.4　简答题答案 ………………… 32

2.5　上机实验练习 ……………………… 32
　　2.5.1　实验一　Windows 10基本操作 … 32
　　2.5.2　实验二　Windows 10文件资源管理器
　　　　　的使用 …………………………… 33
　　2.5.3　实验三　Windows 10的控制面板及
　　　　　环境设置 ………………………… 34
　　2.5.4　实验四　Windows 10各种附件的
　　　　　使用 …………………………… 35
　　2.5.5　实验五　Windows 10新特性的操作 … 35

第3章　Word 2016文字处理软件 ……… 36
3.1　基本知识点 ………………………… 36
3.2　重点与难点 ………………………… 40
3.3　习题 ………………………………… 41
　　3.3.1　单项选择题 ………………… 41
　　3.3.2　双项选择题 ………………… 48
　　3.3.3　填空题 ……………………… 50
　　3.3.4　判断正误题 ………………… 51
　　3.3.5　简答题 ……………………… 52
3.4　习题参考答案 ……………………… 52
　　3.4.1　单项选择题答案 …………… 52
　　3.4.2　双项选择题答案 …………… 53
　　3.4.3　填空题答案 ………………… 53
　　3.4.4　判断正误题答案 …………… 54
　　3.4.5　简答题答案 ………………… 54
3.5　上机实验练习 ……………………… 54
　　3.5.1　实验一　Word文档的基本编辑操作 … 54
　　3.5.2　实验二　Word文档格式化的操作 … 55
　　3.5.3　实验三　Word表格操作 …… 57
　　3.5.4　实验四　Word图文混排与页面排版 … 60

第4章 Excel 2016 表格处理软件·········· 62
4.1 基本知识点 ························· 62
4.2 重点与难点 ························· 66
4.3 习题 ································ 66
4.3.1 单项选择题 ················ 66
4.3.2 双项选择题 ················ 70
4.3.3 判断正误题 ················ 71
4.3.4 填空题 ···················· 71
4.3.5 简答题 ···················· 73
4.4 习题参考答案 ····················· 73
4.4.1 单项选择题答案 ·········· 73
4.4.2 双项选择题答案 ·········· 73
4.4.3 判断正误题答案 ·········· 73
4.4.4 填空题答案 ·············· 73
4.4.5 简答题答案 ·············· 74
4.5 上机实验练习 ····················· 74
4.5.1 实验一 Excel 2016的基本操作····· 74
4.5.2 实验二 Excel 2016工作表格式的
设置 ···················· 77
4.5.3 实验三 Excel 2016公式及常用函数
的使用 ·················· 79
4.5.4 实验四 Excel 2016图表的使用及
窗口的管理 ·············· 80
4.5.5 实验五 Excel 2016的数据管理操作
及打印 ·················· 81

第5章 PowerPoint 2016 演示文稿
软件 ···························· 84
5.1 基本知识点 ························· 84
5.2 重点与难点 ························· 86
5.3 习题 ································ 86
5.3.1 单项选择题 ················ 86
5.3.2 判断正误题 ················ 88
5.3.3 填空题 ···················· 89
5.3.4 简答题 ···················· 90
5.4 习题参考答案 ····················· 91
5.4.1 单项选择题答案 ·········· 91
5.4.2 判断正误题答案 ·········· 91
5.4.3 填空题答案 ·············· 91

5.4.4 简答题答案 ·············· 91
5.5 上机实验练习 ····················· 91
5.5.1 实验一 演示文稿的创建 ····· 91
5.5.2 实验二 修饰与模板的使用 ··· 93
5.5.3 实验三 多媒体制作技术 ··· 95
5.5.4 实验四 超链接技术 ······· 97
5.5.5 实验五 播放技术 ·········· 100

第6章 计算机网络基础知识··········· 104
6.1 基本知识点 ······················ 104
6.2 重点与难点 ······················ 107
6.3 习题 ····························· 108
6.3.1 单项选择题 ··············· 108
6.3.2 多项选择题 ··············· 111
6.3.3 填空题 ··················· 112
6.3.4 简答题 ··················· 112
6.4 习题参考答案 ···················· 112
6.4.1 单项选择题答案 ········· 112
6.4.2 多项选择题答案 ········· 113
6.4.3 填空题答案 ············· 113
6.4.4 简答题答案 ············· 113
6.5 上机实验练习 ···················· 113
6.5.1 实验一 Internet的接入 ···· 113
6.5.2 实验二 Internet Explorer 10的使用及
常见设置 ··············· 119
6.5.3 实验三 电子邮件的发送与接收····· 122
6.5.4 实验四 搜索引擎的使用 ··· 126
6.5.5 实验五 文件的下载········· 128
6.5.6 实验六 Dreamweaver文本及图像的
操作 ··················· 130

第7章 数据库基础与 Access 2016······ 134
7.1 基本知识点 ······················ 134
7.2 重点与难点 ······················ 137
7.3 习题 ····························· 138
7.3.1 单项选择题 ··············· 138
7.3.2 多项选择题 ··············· 140
7.3.3 判断正误题 ··············· 141
7.3.4 填空题 ··················· 142
7.3.5 简答题 ··················· 143

7.4 习题参考答案 ················144
　7.4.1 单项选择题答案 ·········144
　7.4.2 多项选择题答案 ·········144
　7.4.3 判断正误题答案 ·········144
　7.4.4 填空题答案 ··············144
　7.4.5 简答题答案 ··············145
7.5 上机实验练习 ··············145
　7.5.1 实验一 创建数据库 ······145
　7.5.2 实验二 创建数据表 ······145
　7.5.3 实验三 数据表中数据的操作···147
　7.5.4 实验四 建立表间的关联···147
　7.5.5 实验五 创建查询 ········148
　7.5.6 实验六 创建报表 ········149

第8章 微机的组装与维护 ·········150
8.1 基本知识点 ·················150

8.2 重点与难点 ·················153
8.3 习题 ·······················153
　8.3.1 填空题 ·················153
　8.3.2 判断正误题 ·············154
　8.3.3 简答题 ·················155
8.4 习题参考答案 ···············156
　8.4.1 填空题答案 ············156
　8.4.2 判断正误题答案 ········157
　8.4.3 简答题答案 ············157
8.5 上机实验练习 ··············162
　8.5.1 实验一 主机的安装与连接···162
　8.5.2 实验二 开机检测及CMOS设置···164
　8.5.3 实验三 软件的安装与设置···165

# 第1章

# 信息与计算机基础知识

## 1.1 基本知识点

### 1. 信息与信息技术

在早期，信息是指音信或消息。现在，人们一般认为信息是客观事物的特征和变化的一种反映，这种反映借助于某些物质载体并通过一定的形式(如文字、符号、色彩、味道、图案、数字、声音、影像等)表现和传播，它对人们的行为或决策有现实的或潜在的价值，可以帮助人们消除对客观事物认识的不确定性。

信息技术(Information Technology，IT)主要包括计算机技术、通信技术、传感技术和控制技术。广义而言，信息技术是指能充分利用与扩展人类信息器官功能的各种方法、工具与技能的总和。狭义而言，信息技术是指利用计算机、网络、广播电视等各种硬件设备、软件工具与科学方法，进行信息处理的技术之和。

### 2. 计算机的产生与发展

计算机是一种高度自动化的电子设备，它能接收和存储信息，并按照存储在其内部的程序对输入的信息进行加工、处理，得到人们所期望的结果，然后把处理结果输出。

世界上第一台计算机 ENIAC 于 1946 年诞生于美国。

若按计算机中所采用的电子逻辑器件来划分，可以分为 4 代，分别是电子管时代、晶体管时代、中小型集成电路时代和大规模集成电路时代。

未来的计算机将向巨型化、微型化、网络化、智能化方向发展。除了以上几个发展方向外，人们还将研究光子计算机、生物计算机、超导计算机、纳米计算机、量子计算机等。研究的目标是打破现有计算机的基于集成电路的体系结构，使得计算机能够像人类那样具有思维、推理和判断能力。

### 3. 计算机的分类和应用

计算机按工作原理来分，可以分为数字计算机、模拟计算机和数字模拟混合计算机；按性能和规模来分，可分为巨型机、大型机、中型机、微型机和工作站；按功能和用途来分，可分为通用计算机和专用计算机。

计算机被广泛应用到各个领域，包括大型的科学计算、数据处理、实时控制、通信和文字处理、计算机辅助系统和人工智能等几大类。

### 4. 数据单位与数制

计算机的最小信息容量单位是位，最小存储单位是字节，基本单位是字。

"位"指二进制的一位，只能存储一位 0 或 1；"字节"由 8 个"位"组成，用 B 表示；在计算机中，一串数码作为一个整体来处理或运算，称为一个计算机字，简称字(word)。字的长度用二进制位数来表示，通常将一个字分为若干字节，例如 16 位微机的一个字由 2 字节组成，32 位微机的一个字由 4 字节组成。在计算机的存储器中，通常每个单元存储一个字。在计算机的运算器和控制器中，通常都是以字为单位进行信息传送的。

计算机中更大的计量单位有千字节(KB)、兆字节(MB)、吉字节(GB)和太字节(TB)。

$1KB=1024B=2^{10}B$，$1MB=1024KB=2^{20}B$，$1GB=1024MB=2^{30}B$，$1TB=1024GB=2^{40}B$。

人们习惯上使用十进制数，但是计算机内部采用二进制进行存储和运算等。实际上，任何一个数都可以用八进制、十进制或十六进制表示，而且不同数制的数可以相互转换。

### 5. 字符编码

原码、反码和补码是把符号位和数值位一起编码的表示方法。原码：符号位为 0 时表示正数，符号位为 1 时表示负数，数值部分用二进制数的绝对值表示，称为原码表示方法。数 0 的原码有两个值，分别是 00000000 和 10000000。反码：对于正数，其反码与原码相同。对于负数，在求反码时，是将其原码除符号位之外的其余各位按位取反。数 0 的反码也有两种形式，分别是 00000000 和 11111111。补码：正数的补码与其原码相同。负数的补码是先求其反码，然后在最低位加 1。数 0 的补码只有一种表示形式，即 00000000。

计算机中采用美国信息交换标准(简称为 ASCII 码)进行字符编码。一个 ASCII 码在计算机内分配一个字节，最高位是 0。ASCII 码是根据英语习惯来设计的，而对于汉字编码却远远不够，所以我国采用中华人民共和国国家标准信息交换汉字编码(俗称国标码)对汉字进行编码。汉字编码的内码是计算机系统存储和处理汉字信息所用的代码。一个内码占 2 字节，每个字节的最高位都是 1。将国标码的每字节加上 80H 即为内码，汉字编码的外码是指输入码、打印码和显示码。

Unicode(Universal Multiple-octet Coded Character Set)是一种由国际组织设计的编码方法，可以容纳全世界所有文字的字符编码方案。

### 6. 计算机系统

计算机系统由硬件系统和软件系统组成。

硬件系统包括运算器、控制器、存储器、输入设备和输出设备。

软件系统分为系统软件和应用软件，系统软件包括操作系统、服务软件、编译或解释系统；应用软件则包括用户程序和应用软件包。

### 7. 计算机的硬件组成

(1) 中央处理器(CPU)是计算机系统的核心，包括运算器和控制器两个部分。

(2) 存储器分为内存和外存。内存由半导体存储器组成，存取速度快、价格高、容量小，内存又分为随机存储器(RAM)和只读存储器(ROM)；常用的外存有磁盘和光盘。

(3) 输入设备和输出设备：最常用的输入设备有键盘和鼠标，最常用的输出设备有显示器和打印机。外存储器、输入设备和输出设备统称为外设。

(4) 总线：分为数据总线(DB)、地址总线(AB)和控制总线(CB)。

### 8. 指令、程序和语言

指令规定了计算机能够执行的基本操作。

程序就是使计算机执行某项特定操作的指令序列的集合。编写计算机程序的过程称为程序设计。计算机工作的过程就是执行程序的过程。

语言分为机器语言和高级语言，机器语言是指由 CPU 能够直接执行的指令序列而组成的程序，高级语言则需要将源程序转换成机器语言程序(目标程序)后才能由 CPU 执行。高级语言分为两种：一种是面向过程的程序设计语言，如 BASIC、Fortran、C 等；另一种是面向对象的程序设计语言，如 VB、Delphi、C++、Java、C#等。

### 9. 数据结构与算法

数据结构是计算机存储和组织数据的方式，是指相互之间存在一种或多种特定关系的数据元素的集合。简单地说，数据结构是数据的组织、存储和运算的总和。

数据结构的概念一般包括 3 个方面：第一是数据的逻辑结构，逻辑结构可以看作是从具体问题抽象出来的数学模型；第二是数据的存储结构(即物理结构)，存储结构是逻辑结构在计算机内的表示；第三是数据的运算，即对数据的加工和处理等各种操作。

算法是对解决某个问题的方法和步骤的一种描述。

算法具有以下几个特点：第一是有穷性，即任何一个算法应该包含有限的操作步骤，而不能是无限的；第二是确定性，即算法中的每一个步骤都应当是确定的、含义是唯一的，不能含糊、模棱两可；第三是可行性，即算法中的每一个步骤都是可行的，算法中的每一个步骤都能有效地执行；第四是有零个或若干个输入；第五是有一个或多个输出。

### 10. 计算机病毒及其防治

计算机病毒是具有自我复制能力的计算机程序，它以破坏计算机系统正常工作为目的。

一个病毒程序通常由病毒引导、传染和发作三部分组成。

由于计算机病毒有很强的隐蔽性、潜伏性、传播性和激发性，因此它具有很强的破坏性和危害性，它的最主要特征就是破坏性和传染性。

预防病毒可以采用多种措施：一是尽可能用硬盘中无毒的操作系统启动系统，而不要用 U 盘启动系统；二是尽量不要使用外来磁盘、光盘或复制他人的软件，除非做过彻底的检查；三是坚持经常做好备份；四是经常利用正规的杀毒软件对磁盘和文件进行检查；五是不从网上下载来历不明的软件；六是收到电子邮件后，应先查毒，后阅读。

### 11. 多媒体技术与多媒体计算机

媒体是指信息表示和传播的载体。在计算机领域，主要的媒体有感觉媒体、表示媒体、显示媒体、存储媒体和传输媒体。

多媒体(Multimedia)是指将多种不同但相互关联的媒体(如文字、声音、图形、图像、动画、视频等)集成到一起而产生的存储、传输和表现信息的全新载体。

多媒体技术是对多种信息媒体进行综合处理的技术，它将数字、文字、声音、图形、图像和动画等各种媒体有机组合起来，利用计算机、通信和广播电视技术，使它们建立起逻辑联系，并能对它们进行加工处理。

多媒体计算机的主要技术包括：视频和音频数据的压缩和解压缩技术，超大规模集成(VLSI)电路制造技术，专用芯片，大容量存储器，虚拟现实技术(VR)，多媒体的数字水印技术，超媒体技术，以及研制适用于多媒体技术的软件。

多媒体计算机(MPC)是指具有处理多媒体功能的个人计算机。

多媒体计算机的硬件系统由主机、多媒体外部设备接口卡和多媒体外部设备构成。

多媒体外部设备按照功能可分为 4 类：一是视频/音频输入设备(如摄像机、录像机、影碟机、扫描仪、话筒、录音机激光唱盘和 MIDI 合成器等)；二是视频/音频输出设备(如显示器、电视机、投影电视、扬声器、立体声耳机等)；三是人机交互设备(如键盘、鼠标、触摸屏、光笔等)；四是数据存储设备(如 CD-ROM、磁盘、可擦写光盘等)。

## 1.2  重点与难点

### 1. 重点

本章重点是：信息与信息技术的概念、计算机的概念及分类，不同数制之间的相互转换，计算机的数据与编码，计算机硬件系统和软件系统的组成。

### 2. 难点

本章难点是：数据单位、字符编码和汉字编码，各种数制之间的转换，计算机的系统配置及主要技术指标。

## 1.3  习　题

### 1.3.1  单项选择题

1. 物质载体的多样性，导致信息的表现和传播形式具有多样性，离开_____，信息就无法表现和传播。

　　A. 物质载体　　　　　B. 计算机　　　　　　C. 网络　　　　　　D. 电路

2. 信息是客观事物特征和变化的真实反映，这说明信息具有_____。
   A. 传递性　　　　　B. 客观性　　　　　C. 广泛性　　　　　D. 不灭性

3. 在信息社会中，信息成为比物质和能源更为重要的资源，以开发和利用信息资源为目的的信息经济活动迅速扩大，_____将成为社会的支柱产业之一。
   A. 芯片制造　　　　B. 网络互联设备　　C. 笔记本电脑　　　D. 信息产业

4. 信息技术能够充分利用与扩展人类_____器官的功能。
   A. 语言　　　　　　B. 信息　　　　　　C. 视觉　　　　　　D. 听觉

5. 电子商务依赖于计算机技术和网络通信技术的迅速发展和广泛应用，可以将电子商务理解为交易各方以_____方式进行的任何形式的商业交易。
   A. 货币　　　　　　B. 安全　　　　　　C. 电子　　　　　　D. 记账

6. 第二代电子计算机采用的主要电子元件是_____。
   A. 晶体管　　　　　　　　　　　　B. 电子管
   C. 集成电路　　　　　　　　　　　D. 超大规模集成电路

7. 第一台电子计算机诞生于_____年。
   A. 1945　　　　　B. 1946　　　　　C. 1950　　　　　D. 1952

8. 下列叙述不是电子计算机特点的是_____。
   A. 运算速度高　　　　　　　　　　B. 运算精度高
   C. 具有记忆和逻辑判断能力　　　　D. 运行过程不能自动、连续，需人工干预

9. 第三代计算机时期，在软件上出现了_____。
   A. 机器语言　　　　　　　　　　　B. 高级程序设计语言
   C. 操作系统　　　　　　　　　　　D. 汇编语言

10. 计算机内部是以_____形式来传送、存储、加工和处理数据或指令的。
    A. 二进制编码　　B. 十六进制编码　C. 八进制编码　　D. 十进制编码

11. 以下各类计算机中，表示数据最为精确的是_____。
    A. 巨型计算机　　B. 大型计算机　　C. 小型计算机　　D. 微型计算机

12. 第一个微处理器芯片诞生于_____年。
    A. 1946　　　　　B. 1951　　　　　C. 1971　　　　　D. 1973

13. 第一个微处理器芯片是_____位的。
    A. 4　　　　　　　B. 8　　　　　　　C. 16　　　　　　D. 32

14. 微型计算机是随着_____的发展而发展起来的。
    A. 晶件管　　　　B. 电子管　　　　C. 网络　　　　　D. 集成电路

15. 就工作原理而论，当代计算机都是基于_____提出的存储程序控制原理。
    A. 图灵　　　　　　B. 牛顿　　　　　C. 布尔　　　　　D. 冯·诺依曼

16. 1983 年，我国_____亿次巨型机在国防科技大学诞生，它的研制成功使中国成为继美国、日本之后能够独立设计和制造巨型机的国家。
    A. "银河"　　　　B. "曙光"　　　　C. "天河"　　　　D. "星云"

17. 一台计算机有 20 位地址总线，16 位数据总线，则其存储容量为_____。
    A. 640KB　　　　B. 1MB　　　　　C. 2MB　　　　　D. 4MB

18. _____是不合法的八进制数。
    A. 1023             B. 3128            C. 6120            D. 7777

19. 将十进制数 0.6531 转换为二进制数是_____。
    A. 0.101001        B. 0.101101       C. 0.110001       D. 0.111011

20. 将十六进制数 163.5B 转换成二进制数为_____。
    A. 1101010101.1111001            B. 110101010.11001011
    C. 1110101011.1101011            D. 101100011.01011011

21. 将十进制数 35 转换成八进制数为_____。
    A. 41             B. 43             C. 45             D. 47

22. 下列数据中最小的是_____。
    A. 11011001(二进制数)            B. 75(十进制数)
    C. 72(八进制数)                 D. 57(十六制数)

23. 设数据长度为八位二进制，则二进制数–1111111 的补码为_____。
    A. 10000000       B. 0000001       C. 10000001       D. 1000000

24. 在符号数表示中，采用二进制是因为_____。
    A. 可降低硬件成本             B. 两个状态的系统具有稳定性
    C. 二进制的运算法则简单         D. 上述三个原因

25. 如果某计算机语言的整型长度为 16 位，则其能表示的最大无符号十进制整数为
    _____。
    A. 32767          B. 32768          C. 65535          D. 65536

26. 就数量而言，计算机应用最为广泛的是_____。
    A. 科学计算          B. 数据处理
    C. 人工智能          D. 辅助系统

27. 计算机主要由_____、存储器、输入输出设备等构成。
    A. 硬盘          B. 软盘          C. 键盘          D. 中央处理器

28. 中央处理器(CPU)不包含_____部分。
    A. 控制单元        B. 运算部件        C. 存储单元        D. 输出单元

29. 以下属于内存的一部分，CPU 对其只能读取不能修改的存储设备是_____。
    A. RAM          B. ROM          C. CD-ROM       D. 以上都不对

30. 若计算机运行过程中突然断电，下列存储设备中的信息会丢失的是_____。
    A. ROM          B. RAM          C. 硬盘          D. 软盘

31. 分析程序中的指令是_____部件的功能。
    A. 算术逻辑部件      B. 存储器        C. 控制器        D. 输入输出设备

32. 微型机系统中，对输入输出设备进行管理的基本程序放在_____中。
    A. 随机存储器        B. 只读存储器
    C. 硬盘             D. 寄存器

33. 以下设备中既可作为输入设备，又可作为输出设备的是_____。
    A. 键盘          B. 显示器        C. 打印机        D. 软盘驱动器

34. _____键可用于在插入和改写两种编辑状态间的切换。

　　A. Insert　　　　　B. Caps Lock　　　C. Home　　　　　D. End

35. 标准输入设备常指_____。

　　A. 鼠标　　　　　B. 键盘　　　　　C. 扫描仪　　　　D. 显示器

36. 标准输出设备常指_____。

　　A. 显示器　　　　B. 打印机　　　　C. 绘图仪　　　　D. 传真机

37. 按_____键，可删除光标所在位置的一个字符。

　　A. Insert　　　　　B. Delete　　　　C. Backspace　　　D. Break

38. 速度快、分辨率高的打印机是_____打印机。

　　A. 点阵式　　　　B. 喷墨　　　　　C. 激光　　　　　D. 击打式

39. 字节在计算机中作为计量单位，一字节由_____个二进制位组成。

　　A. 32　　　　　　B. 16　　　　　　C. 10　　　　　　D. 8

40. 计算机的内存储器采用_____存取方式。

　　A. 随机　　　　　B. 索引　　　　　C. 顺序　　　　　D. 直接

41. 人们常说的某计算机的内存是 16MB，就是指它的容量为_____字节。

　　A. 16×1024×1024　　　　　　B. 16×1000×1000

　　C. 16×1024　　　　　　　　　D. 16×1000

42. 硬盘和软盘是两种外存储器，在第一次使用时_____进行格式化。

　　A. 都必须　　　　　　　　　B. 可直接使用，不必

　　C. 只有软盘才需要　　　　　D. 只有硬盘才需要

43. 存储在硬盘的信息_____。

　　A. 是由生产厂家写入的，无法更改

　　B. 只能写入，无法删除

　　C. 可以临时存放，断电就会丢失

　　D. 可以长期永久地保存，不会因断电而丢失

44. 一次可编程只读存储器简称为_____。

　　A. ROM　　　　　B. PROM　　　　C. EPROM　　　　D. EEPROM

45. CPU 中有若干存放数据的部件，称为_____。

　　A. 存储器　　　　B. 辅存　　　　　C. 寄存器　　　　D. 主存

46. 以下存储设备中，速度最快的是_____。

　　A. 软盘　　　　　B. 硬盘　　　　　C. U 盘　　　　　D. RAM

47. 以下叙述错误的是_____。

　　A. 磁道由内而外编号　　　　　B. 磁盘的磁道是宽度很小的同心圆

　　C. 每磁道存储数据容量相同　　D. 磁道所存储数据容量与其周长无关

48. 单面单层的 DVD 光盘可存储_____的信息。

　　A. 650MB　　　　B. 4.7GB　　　　C. 10GB　　　　　D. 17.8GB

49. 若某个光盘驱动器是 40 倍速的，那么它的传输速度是_____。

　　A. 150KB/s　　　B. 4×150KB/s　　C. 40×150KB/s　　D. 40×100KB/s

50. 为达到某一目的而编制的计算机指令序列称为_____。

   A. 软件　　　　　 B. 程序　　　　　 C. 字符串　　　　 D. 命令

51. 下列软件中，不属于系统软件的是_____。

   A. 操作系统　　　　　　　　　 B. C 语言编译程序

   C. Microsoft Word 2000　　　　 D. KILL 杀病毒软件

52. BASIC 语言适合于初学者进行交互式程序设计，它是一种_____。

   A. 低级语言　　 B. 机器语言　　 C. 汇编语言　　 D. 高级语言

53. 编译程序的作用是_____。

   A. 对目标程序装配链接　　　　　 B. 将高级语言源程序翻译成机器语言程序

   C. 对源程序边扫描边翻译执行　　 D. 将汇编语言源程序翻译成机器语言程序

54. 机器语言程序在机器内以_____形式表示。

   A. BCD 码　　 B. 二进制编码　　 C. ASCII 码　　 D. 十六进制编码

55. 计算机用_____方式管理程序和数据。

   A. 二进制代码　　 B. 文件　　 C. 存储单元　　 D. 目录区和数据区

56. 使用高级语言编程，编译时发现的错误是_____。

   A. 符号使用错误　 B. 逻辑错误　 C. 语法错误　　 D. 模块未定义错误

57. 以下不属于机器代码的特点的是_____。

   A. 面向机器　　 B. 容易阅读　　 C. 很难阅读　　 D. 很难编写

58. 以助记符代替机器码的语言是_____。

   A. 高级语言　　 B. 汇编语言　　 C. Java 语言　　 D. C 语言

59. 可以进行逐行读取、翻译并执行源程序的是_____。

   A. 操作系统　　 B. 解释程序　　 C. 编译程序　　 D. 翻译程序

60. 可以计算给定的首地址和末地址之间的存储空间的大小。计算公式是：存储空间=末地址-首地址+_____

   A. 0　　　　　　 B. 100　　　　　 C. 2　　　　　　 D. 1

## 1.3.2　判断正误题

1. 信息的含义不会随着时代的发展而发生变化。由于人们在早期认为信息只是指音信或消息，所以现在人们仍然认为信息只是指音信或消息。　　　　　　　　　　　　　　（　　）

2. 文字是信息表现和传播的唯一形式。　　　　　　　　　　　　　　　　　　　（　　）

3. 信息对人们的行为或决策有现实或潜在的价值，它可以帮助人们消除对客观事物认识的不确定性。　　　　　　　　　　　　　　　　　　　　　　　　　　　　　　　　（　　）

4. 信息的传递不受时间或空间的限制。信息在空间中的传递称为通信；信息在时间上的传递称为存储。　　　　　　　　　　　　　　　　　　　　　　　　　　　　　　　　（　　）

5. 狭义而言，信息技术是指利用计算机、网络、广播电视等各种硬件设备、软件工具与科学方法，进行信息处理的技术之和。　　　　　　　　　　　　　　　　　　　　　（　　）

6. 第二代电子计算机以电子管作为主要逻辑元件。　　　　　　　　　　　　　（　　）

7. 第一台利用存储程序和程序控制原理的电子计算机诞生于 1946 年。　　　（　　）

8. 计算机发展史上的第三代计算机是微型计算机。 （    ）

9. 计算机语言只能是二进制的机器语言。 （    ）

10. 现代的计算机被称为冯·诺依曼型计算机。 （    ）

11. 计算机的字长是指计算机的运算部件能同时处理的二进制数据的位数。 （    ）

12. 计算机的存储容量由其地址总线的数目所决定。 （    ）

13. 冯·诺伊曼是存储程序控制观念的创始者。 （    ）

14. 数值 0 的原码表示因为将其看作正 0 或负 0 而有不同的结果。 （    ）

15. 正数的原码、反码和补码都相同。 （    ）

16. 决定计算机计算精度的主要技术指标是计算机的运算速度。 （    ）

17. 因为计算机内部的电子部件通常只有导通和截止两种状态，所以计算机中，信息用 0 和 1 表示即可。因此人们在计算机中使用二进制数。 （    ）

18. 利用大规模集成电路技术把计算机的运算部件和控制部件做在一块集成电路芯片上，这样的一块芯片叫作 CPU。 （    ）

19. 存储器完成一次数据的读(取)或写(存)操作所需要的时间称为存储器的访问时间，连续两次读或写所需的最短时间称为存取周期。 （    ）

20. 电源关掉后，RAM 存储器中的信息便丢失。 （    ）

21. 在计算机中采用二进制是因为二进制的运算比较简单。 （    ）

22. 从信息的输入、输出角度看，磁盘既是输入设备，又是输出设备。 （    ）

23. 外存储器上的信息不可以直接进入 CPU 而进行处理。 （    ）

24. 计算机由运算器、控制器、存储器、输入设备和输出设备组成。 （    ）

25. 我国是第 3 个具备研制 10 万亿次/秒巨型机能力的国家。 （    ）

26. CPU 包括控制器、运算器和主存储器。 （    ）

27. 程序必须送到主存储器中，计算机才能执行相应的指令。 （    ）

28. "裸机"指不含外设的主机。 （    ）

29. 16 位字长的计算机是指能计算最大为 16 位十进制数的计算机。 （    ）

30. 控制器是计算机的控制中心，取址、分析指令、执行指令都由它完成。 （    ）

31. 键盘上的 Tab 键总是与其他键组合才能实现某一功能。 （    ）

32. 硬盘驱动器是微机的必不可少的组成部件。 （    ）

33. 激光打印机是一种点阵击打式打印机。 （    ）

34. 汇编语言是一种计算机高级程序设计语言。 （    ）

35. 用高级语言编写的程序需要翻译成机器语言后计算机才能执行。 （    ）

36. 解释方式执行高级语言程序时不产生目标文件，一边解释，一边执行。而编译方式执行高级语言程序时，将源程序全部翻译成用机器语言表达的目标程序，机器将直接执行目标程序。 （    ）

37. 面向对象的程序设计语言使用"类"和"对象"来设计程序。 （    ）

38. 计算机病毒是指编制或者在计算机程序中插入的破坏计算机功能或者破坏数据、影响计算机使用并能自我复制的一组计算机指令或者程序代码。 （    ）

39. 只使用病毒检测软件就能有效防止各种病毒的入侵。 （    ）

40. 计算机病毒破坏磁盘上的数据，也破坏磁盘本身。 （    ）

### 1.3.3 填空题

1. 信息处理大致经历的 4 个阶段，分别是原始阶段、手工阶段、_____和现代阶段。

2. IT 是_____的简称，主要包括计算机技术、通信技术、传感技术和控制技术。

3. 广义而言，信息技术是指能充分利用与扩展_____器官功能的各种方法、工具与技能的总和。狭义而言，信息技术是指利用计算机、网络、广播电视等各种硬件设备、软件工具与科学方法，进行_____的技术之和。

4. 数字化是信息技术的一个主要特点。数字化就是将信息用电磁介质或半导体存储器按_____编码的方法进行处理和传输。

5. 减少商品的_____环节和时间是电子商务的基本目标之一。

6. 世界上第一台电子数字计算机诞生于_____国，它的名称是_____，第一台具备存储程序并自动执行的计算机是_____。

7. 第二代计算机所使用的主要电子元件是_____，微机属于第_____代计算机。

8. 未来的计算机将向巨型化、微型化、网络化和_____方向发展。

9. 未来，人们还将研究光子计算机、生物计算机、超导计算机、纳米计算机、量子计算机。研究的目标是打破现有计算机的基于_____的体系结构，使得计算机能够像人那样具有思维、推理和判断能力。

10. 在计算机的主要性能指标中，反映其存储性能的指标主要有存储速率和_____，而计算机表示数据的精度主要反映在_____指标。

11. 第一代计算机主要应用在_____方面，而现代计算机最广泛应用于_____方面。

12. 十进制数 176.725 的二进制表示为_____，八进制表示为_____，十六进制表示为_____。

13. 八进制数与二进制数的转换规则是一位八进制数对应_____位二进制数。

14. 十进制数 202 转换成二进制数是_____，转换成八进制数是_____，转换成十六进制数是_____。将二进制数 01101100 转换成十进制数是_____，转换成八进制数是_____，转换成十六进制数是_____。

15. 世界上第一台微型计算机的 CPU-Intel 4004 的字长是_____位。

16. 冯·诺依曼型计算机的设计思想是_____。

17. 1010BH 是一个_____进制数。

18. 设数据宽度为 8 位，则-12 的原码为_____，补码为_____。

19. 电子计算机中字符表示最广泛使用的编码是_____，其含义为_____，采用_____表示一个编码。

20. 电子计算机中信息表示的最小单位是_____，度量存储容量的基本单位是_____。

21. 中央处理器(CPU)主要包含_____和_____两个部件。

22. 计算机系统由_____和_____两部分组成。

23. 微型计算机的字长取决于它的_____的宽度。80386 微处理器的字长是_____位。

24. 存储器的存储容量通常以能存储多少个二进制信息位或多少个字节来表示，一个字节是指_____个二进制信息位，1MB 的含义是_____字节。

25. 微型计算机的总线包括_____、_____和数据总线。

26. 常见的鼠标器有_____和_____两种。

27. 微机键盘分为_____、_____、_____及编辑区。

28. 显示器上的每一个显示单元称为_____，全部显示单元的总和称为_____。

29. 辅助存储器又称为_____存储器，它_____(能或不能)与 CPU 直接交换信息。举出常用的 3 种辅助存储器：_____、_____、_____。

30. 只读存储器简称为_____，随机存储器简称为_____。

31. 存储器根据其是否能与 CPU 直接交换信息，可分为_____和_____两种。

32. 硬盘存储器系统由_____、硬盘驱动器接口卡和_____三部分组成。

33. 计算机软件系统按其用途可分为系统软件和_____。

34. 把高级程序设计语言翻译成目标程序的方式通常有_____和_____两种。

35. 常见的低级语言有_____和_____两种。

36. 计算机病毒按其传播途径可分为_____、_____和网络病毒。

37. 举出常用的 3 种杀毒软件：_____、_____和_____。

38. 破坏性和_____是计算机病毒最重要的两个特征。

39. 操作系统是对_____进行控制和管理的系统软件。

40. 多媒体计算机的英文简称为_____。

41. 多媒体计算机与一般计算机相比，_____卡和_____卡两个设备是必备的。

42. ASCII 码是对_____进行编码的一种方案，它是_____代码的缩写。

43. 微型计算机系统的硬件主要由_____、_____和输入输出设备构成。

44. 计算机的五大组成部分是_____、_____、_____、输入设备和输出设备。

45. 计算机中的所有信息在机器内部都是以_____形式存储的。

46. 当计算机在工作时，如果突然停电，RAM 中的信息将会_____(丢失或保存)。

47. 计算机能进行逻辑操作的部件是_____。

48. 在计算机的各种存储器中，_____是访问速度最快的。

49. CPU 是构成计算机的核心部件，它包括_____和_____。

50. 多功能光盘 DVD 有 3 种格式，即_____、一次写入的光盘和可重复写入的光盘。

## 1.3.4　简答题

1. 简述信息的概念和特点。

2. 简述信息社会的概念和特点。

3. 简述信息技术的应用和发展趋势。

4. 简述电子商务的概念。

5. 企业与消费者之间的电子商务是一种重要的电子商务类型，根据你的网上购物经历，简述企业与消费者之间电子商务的主要过程及特点。

6. 第一台具备存储程序并自动执行的计算机诞生于哪一年？

7. 简述计算机的发展史，并说明每一代所采用的主要电子逻辑器件是什么。

8. 计算机按其规模可以分为哪几类？

9. 如何实现十进制数与二进制数的转换？

10. 如何实现二进制数与八进制数或十六进制数的转换？

11. 下列各信息单位：B、KB、MB、GB、TB 各表示什么含义？

12. 计算机中汉字编码是如何表示的？

13. 计算机硬件系统由哪几部分组成？

14. 计算机软件系统由哪几部分组成？

15. 什么是计算机病毒？计算机病毒的特点是什么？

16. 什么叫计算机软件知识产权？保护计算机软件知识产权有什么重要意义？

17. 微型计算机常用的输入输出设备主要有哪几种？

18. 微型计算机的外存储设备主要有哪几种？

19. 简述几种主要媒体(感觉媒体、表示媒体、显示媒体、存储媒体、传输媒体)的含义。

20. 简述多媒体计算机的主要技术。

# 1.4 习题参考答案

## 1.4.1 单项选择题答案

| 1. A | 2. B | 3. D | 4. B | 5. C | 6. A | 7. B | 8. D | 9. C | 10. A |
|---|---|---|---|---|---|---|---|---|---|
| 11. A | 12. C | 13. A | 14. D | 15. D | 16. A | 17. B | 18. B | 19. A | 20. D |
| 21. B | 22. C | 23. C | 24. D | 25. C | 26. B | 27. D | 28. D | 29. B | 30. B |
| 31. C | 32. B | 33. D | 34. A | 35. B | 36. A | 37. B | 38. C | 39. D | 40. A |
| 41. A | 42. A | 43. D | 44. B | 45. C | 46. D | 47. A | 48. B | 49. C | 50. B |
| 51. C | 52. D | 53. B | 54. B | 55. B | 56. C | 57. B | 58. B | 59. B | 60. D |

## 1.4.2 判断正误题答案

| 1. × | 2. × | 3. √ | 4. √ | 5. √ | 6. × | 7. × | 8. × | 9. × | 10. √ |
|---|---|---|---|---|---|---|---|---|---|
| 11. √ | 12. √ | 13. √ | 14. √ | 15. √ | 16. × | 17. √ | 18. √ | 19. √ | 20. √ |
| 21. × | 22. √ | 23. √ | 24. √ | 25. √ | 26. × | 27. √ | 28. × | 29. √ | 30. × |
| 31. × | 32. √ | 33. × | 34. × | 35. √ | 36. √ | 37. √ | 38. √ | 39. × | 40. × |

## 1.4.3 填空题答案

1. 机电阶段

2. 信息技术

3. 人类信息　信息处理

4. 二进制

5. 流通

6. 美　ENIAC EDVAC

7. 晶体管　四

8. 智能化

9. 集成电路

10. 存储容量　字长

11. 科学计算　数据处理

12. 10110000.1011　260.54　B0.B

13. 3

14. 11001010　312　CA　108　154　6C

15. 4

16. 存储程序控制

17. 十六

18. 10001100 11110100

19. ASCII 美国信息交换标准码，7 位

20. bit Byte

21. 控制器 存储器

22. 硬件系统 软件系统

23. 数据总线 16

24. 8 1024×1024

25. 系统总线 地址总线

26. 机械 光电

27. 功能区 标准打字区 辅助键区

28. 像素 分辨率

29. 外 不能 光盘 U 盘 硬盘

30. ROM RAM

31. 主存 辅存

32. 磁记录介质 磁盘控制器

33. 应用软件

34. 解释方式 编译方式

35. 汇编语言 机器语言

36. 引导型病毒 文件型病毒

37. 瑞星 卡巴斯基 360 安全卫士

38. 传染性

39. 计算机资源

40. MPC

41. 音频 视频

42. 字符 美国信息交换标准

43. CPU 主存

44. 运算器 存储器 控制器

45. 二进制

46. 丢失

47. 运算器

48. 主存储器

49. 运算器 控制器

50. 只读数字光盘

### 1.4.4 简答题答案

(答案略。请参见教材第一章的内容。)

## 1.5 上机实验练习

### 1.5.1 实验一 熟悉计算机的硬件组成

**一、实验目的**

认识和了解计算机的各种硬件设备。

**二、实验内容**

到实验室观看计算机的各种硬件设备。

**1. 观看输入设备**

输入设备是人或外部与计算机进行交互的一种部件，用于数据的输入。常见的输入设备有键盘、鼠标等。

**2. 观看输出设备**

输出设备是人机交互的一种部件，用于数据的输出。常见的输出设备有显示器、打印机等。

### 3. 观看存储设备

存储设备是数据或信息的存储部件，包括硬盘、光盘、内存条等。

### 4. 观看主板

主板是计算机中最重要的部件之一，是整台计算机工作的基础。大致来说，主板由以下几部分组成：CPU 插槽(插座)、内存插槽、高速缓存局域总线和扩展总线，硬盘、光驱、串口、并口等外设接口和 CMOS 主板 BIOS 控制芯片。

### 5. 观看 CPU

CPU 的全称是 Central Processing Unit，中文名称为中央处理器，控制着整台计算机的运行和工作，是整台计算机的核心。

## 1.5.2  实验二 键盘的指法练习

### 一、实验目的

学习键盘的使用，并能够利用计算机键盘进行中英文输入。

### 二、实验内容

### 1. 熟悉键盘指法

标准键盘与键盘指法如图 1-1～图 1-3 所示。

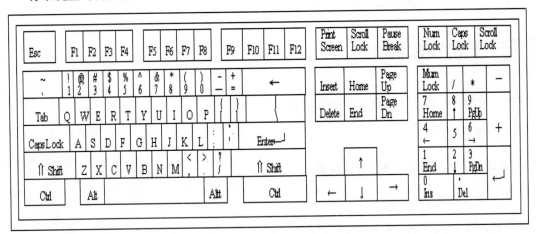

图 1-1  标准键盘

### 2. 英文打字练习(输入以下各练习的内容)

### 练习一

The hardest thing in the world to understand is the income tax. The important thing is not to stop questioning. The most beautiful thing we can experience is the mysterious. It is the source of all true art and science. The most incomprehensible thing about the world is that it is comprehensible. The secret to creativity is knowing how to hide your sources. We should take care not to make the intellect our god; it has, of course, powerful muscles, but no personality.

图 1-2　基准键及其手指的对应关系

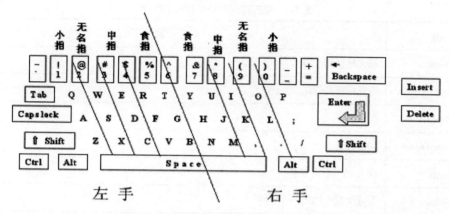

图 1-3　键盘指法示意图

表 1-1 和表 1-2 说明了一些特殊键的作用。

表 1-1　标准打字键区控制键的作用

| 键 | 功　　能 |
| --- | --- |
| Tab | 跳格键。每按一次，光标在屏幕上移动 8 列 |
| Caps Lock | 字母大小写转换键。在键盘的右上角有一个与之对应的标识灯，灯亮时处于大写状态 |
| Shift | 上档键。其作用有两种：一是用于字母大小写的临时切换，二是用于取得双档键的上档字符。如 ":" 的输入可先按住 Shift 键，再按下 ":" 所在的键 |
| Ctrl | 控制键。必须和其他键联合使用，以完成某些特定功能。如：<br>Ctrl+Break　　用于中断某些操作<br>Ctrl+P　　用于打印机和计算机之间的联机与脱机 |
| Alt | 选择键。必须和其他键联合使用，以完成某些特定功能。如在 Windows 系统下，Alt+F4 快捷键表示关闭应用程序窗口 |
| Enter | 回车键，在 DOS 下是命令行结束的标识，在编辑状态下用于换行 |
| Backspace | 退格键，用于删除光标左边的一个字符 |

练习二

Marriage is the triumph of imagination over intelligence. Second marriage is the triumph of hope over experience. People who are sensible about love are incapable of it. A man needs a mistress, just to break the monogamy. Before you find your handsome prince, you have to kiss a lot of frogs. Contention is better than loneliness. Good friends stab you in the front. Hatred is toxic waste in the river of life. Hearts are often broken when words are unspoken. Her kisses left something to be desired -- the rest of her. I'd like to meet the man who invented sex and see what he's working on now. If there is anything better than being loved, it's loving.

表 1-2　编辑键区部分编辑键的作用

| 键 | 功　　能 |
|---|---|
| Home | 将光标移到行首 |
| End | 将光标移到行尾 |
| Page Up | 向前翻页 |
| Page Down | 向后翻页 |
| Insert | 插入/改写状态切换 |
| Delete | 删除光标右边的一个字符 |

### 3. 中文打字练习(输入以下各练习的内容)

练习一

世界上最大的计算机互联网络是 Internet。国内把 Internet 译为国际互联网、全球网或网际网等。Internet 产生于 1969 年。20 世纪 80 年代后期，美国国家科学基金会(NSF)建立了全美 5 大超级计算机中心，NSF 决定建立基于 IP 协议的计算机网络，并建立了连接超级计算机中心的地区网，超级计算机中心再彼此互联起来。连接各地区网上主要节点的高速通信专线便构成了 NFSNet(国家科学基础网)的主干网。NSFNet 成为美国乃至世界 Internet 的基础。

随着计算机网络的普遍发展，美国各大学和政府部门形成了相互协作的区域性计算机网络，并分别连接到 Internet 上，这些协作的网络成为本地小型研究机构与 Internet 连接的纽带。到 20 世纪 80 年代出现了各国计算机网的互联，越来越多的国家加入 Internet 来共享它的资源。

Internet 上有许多技术资料数据库，包括文字、数据、图像和声音等多种信息媒体，内容涉及政治、经济、科学、教育、法律、军事和文化等各个方面，可提供全球性的信息沟通和资源共享。用户一旦联入这个网络，即可访问本地和远程的电子资源、查找和检索信息及文件、与他人通信、访问公用数据库等。

练习二

黑客(Hacker)是指通过网络非法入侵他人系统，截获或篡改计算机数据，危害信息安全的计算机入侵者。黑客最初还是褒义词，随着各种人员入侵他人网络事件的增多，造成的危害与日俱增，黑客已变成恐慌的代名词。黑客们非法侵入有线电视网、在线书店和拍卖点，甚至政府部门的站点，更改内容，窃取敏感数据，今天"黑客"一词已与"破坏者"，甚至"盗贼"等同。

　　黑客使用黑客程序入侵网络。所谓黑客程序，则是一种专门用于进行黑客攻击的应用程序，它们有的比较简单，有的功能较强。功能较强的黑客程序一般至少有服务器程序和客户机两部分，服务器程序实际上是一个间谍程序，客户机部分是黑客发动攻击的控制台。黑客利用病毒原理，以发送电子邮件、提供免费软件等手段，将服务器程序悄悄安装到用户的计算机中，在实施黑客攻击时，客户机与远程已安装好的服务器程序里应外合，达到攻击的目的。利用黑客程序进行黑客攻击，由于整个攻击过程已经程序化，黑客不需要高超的操作技巧和高深的专业软件知识，只要具备一些最基本的计算机知识便可，因此危害性非常大。较有名的黑客程序有BO、YAI，以及"拒绝服务"攻击工具。

# 第 2 章

# 操作系统

## 2.1 基本知识点

### 1. 操作系统的基本知识

(1) 操作系统的功能是控制和管理计算机系统内的各种硬件和软件资源、有效组织计算机系统工作、提供一个使用方便和可扩展的工作环境、起到连接计算机和用户接口的作用。

(2) 操作系统的基本功能是处理机管理、存储管理、设备管理和文件管理。

(3) 操作系统按功能分类有：批处理操作系统、实时操作系统、分时操作系统和网络操作系统。

(4) 常用的微机操作系统有 MS-DOS、Windows、UNIX 和 Linux。

### 2. Windows 10 的基本知识

(1) Windows 10 是一种具有图形用户界面、单用户、多任务，同时具备通信和多媒体以及网络技术的操作系统。

(2) Windows 10 的退出：关闭所有应用程序，然后单击"开始"按钮，选择"电源"，再选择"关机"选项。

(3) Windows 10 桌面的组成。桌面是启动 Windows 后的整个屏幕界面。桌面左侧有几个小图标："此电脑""回收站"等；桌面底部是任务栏，该栏最左端是"开始"按钮。"开始"按钮用来打开"开始"菜单，"开始"菜单中有"电源""设置""图片""文档"和"所有程序"等命令。任务栏中列出了正在运行的程序和打开的文档按钮。

### 3. Windows 10 的基本概念和基本操作

(1) 鼠标操作：主要包括击键、指向和拖动，击键又分为单击、双击以及右击等。

(2) 窗口：窗口从上到下包括地址栏、菜单栏等，窗口的底部为状态行，右侧有一垂直滚动条，下部有一水平滚动条。

(3) 菜单：每个应用程序窗口第 2 行的菜单中列出了该应用程序的主要功能菜单，各菜单项的子菜单中的每一个命令完成一个具体的操作。

(4) 对话框：对话框用于 Windows 系统的用户对话，也用于系统显示附加信息或警告。对话框由按钮、文本框、列表框和复选框等组成。对话框不能缩放。

### 4. 运行应用程序

(1) 应用程序的启动：可以通过双击对应的图标，或者通过"开始"菜单启动应用程序。

(2) 退出应用程序的方法：单击窗口右上角的"关闭"按钮，或者选择"文件"菜单中的"关闭"命令，或者按 Alt+F4 快捷键。

(3) 应用程序间的切换：在打开的多个应用程序窗口中，同一时刻只能有一个是活动的窗口，可以对该窗口进行操作，称为当前窗口。当前窗口对应的应用程序在内存的前台，而其他打开的应用程序在内存的后台，通过单击"任务栏"中的按钮可以进行窗口切换。

### 5. Windows 10 的文件资源管理器

1) "文件资源管理器"的启动

单击屏幕左下角的"开始"按钮，在出现的菜单中选择"Windows 系统"并单击，出现子菜单后选择其中的"文件资源管理器"命令。

2) 文件资源管理器窗口

文件资源管理器窗口的第二行是它的主菜单，其中包括"文件""主页""共享""查看"等菜单。单击这些菜单中的任何一个，都可显示菜单中的内容，每个菜单都包含了若干个命令图标，单击某个图标即可执行对应的命令。

移动分隔条：拖动分隔条。

浏览文件夹中的内容：单击>可展开文件夹，单击∨可折叠文件夹。

文件和文件夹的显示方式有：超大图标、大图标、中图标、小图标、列表以及详细信息等。可通过"查看"菜单选择一种显示方式。

文件和文件夹的排序：可按名称、类型、总大小、可用空间等方式排序。选择"查看"菜单下的"排序方式"选项即可。

3) 管理文件和文件夹

文件和文件夹的概念、命名规则：文件是一系列信息的集合，又是基本的数据组织单位。文件名由主文件名和扩展名两部分组成，中间用"."作分隔，扩展名一般用于表示文件的类型。文件和文件夹的名字可以由英文字母、数字及其他一些字符组成。

通配符"*"和"?"的用法："?"字符代替文件名某位置上的任意一个合法字符。"*"代表从其所在位置开始的任意长度的合法字符串的组合。

文件夹的操作：包括创建文件或文件夹、选定文件或文件夹、移动和复制文件或文件夹、删除和恢复文件或文件夹、更改文件或文件夹的名称、创建文件的快捷方式、查看或修改文件或文件夹的属性等。

查找文件或文件夹：可以使用文件资源管理器，在右上角的搜索框中进行搜索即可。

4) 剪贴板的使用

剪贴板是一块内存区域，利用它可以实现移动或复制操作。

复制的快捷键：Ctrl+C。粘贴的快捷键：Ctrl+V。

复制整幅屏幕的内容可用 Print Screen 键，复制活动窗口的内容可用 Alt+Print Screen 快捷键。

### 6. Windows 10 系统环境设置

主要通过控制面板进行设置。单击屏幕左下角的"开始"按钮，在出现的菜单中选择"Windows 系统"并单击，出现子菜单后选择其中的"控制面板"命令即可启动控制面板。

"控制面板"中的常用选项有：系统和安全、网络和 Internet、硬件和声音、程序、用户账户、外观和个性化、时钟和区域、轻松使用等。

(1) 系统和安全：包括安全和维护、Windows defender 防火墙、系统、电源选项、文件历史记录、备份和还原、存储空间、工作文件夹、管理工具等。

(2) 网络和 Internet，包括网络和共享中心、Internet 选项等。

(3) 硬件和声音，包括设备和打印机、自动播放、声音、电源选项、Windows 移动中心等。

(4) 程序，包括程序和功能、默认程序。

(5) 用户账户，包括用户账户、凭据管理器。

(6) 外观和个性化，包括任务栏和导航、文件资源管理器选项、字体等。

(7) 时钟和区域，包括日期和时间等。

(8) 轻松使用，包括轻松使用设置中心、语言识别等。

## 2.2 重点与难点

### 1. 重点

本章重点主要是操作系统的基本概念，Windows 10 的基本概念和基本操作，Windows 10 的文件管理系统，以及与文件资源管理系统相关的概念和基本操作。

### 2. 难点

操作系统基本功能的理解，Windows 10 控制面板的使用，文件资源管理器的使用，剪贴板的使用，文件和文件夹的管理。

## 2.3 习　　题

### 2.3.1 单项选择题

1. 鼠标的拖放操作是指_____。

　　A. 移动鼠标使鼠标指针出现在屏幕上的某个位置

　　B. 按住鼠标按钮，把鼠标指针移到某个位置后释放鼠标按钮

　　C. 连贯地按下并快速释放鼠标按钮

　　D. 快速连续两次按下并快速释放鼠标按钮

2. 鼠标的单击操作是指_____。

    A. 移动鼠标使鼠标指针出现在屏幕上的某一位置

    B. 按住鼠标按钮，移动鼠标把鼠标指针移到某个位置后释放鼠标按钮

    C. 按下并快速释放鼠标按钮

    D. 快速连续地两次按下并释放鼠标按钮

3. Windows 10 是微软公司开发的_____操作界面的操作系统。

    A. 字符             B. 窗口             C. 鼠标指针         D. 图形

4. 鼠标的指示操作是指_____。

    A. 移动鼠标使鼠标指针出现在屏幕上的某一位置

    B. 按住鼠标按钮，移动鼠标把鼠标指针移到某个位置后释放鼠标按钮

    C. 按下并快速地释放鼠标按钮

    D. 快速连续地两次按下并释放鼠标按钮

5. 在 Windows 10 屏幕中所看到的大块区域称为_____。

    A. 图标             B. 窗口             C. 桌面           D. 任务栏

6. 操作系统的作用是_____。

    A. 提高软件和硬件资源的利用率，提供使用方便的用户界面

    B. 提高软件和硬件资源的利用率

    C. 提供使用方便的用户界面

    D. 提供丰富的系统软件和应用软件

7. 若要使已打开的窗口不出现在屏幕上，只在任务栏中保留一个图标，要将窗口_____。

    A. 最小化        B. 最大化        C. 关闭         D. 还原

8. 在资源管理器中不能进行的操作是_____。

    A. 删除文件                     B. 关闭计算机

    C. 创建新的文件夹             D. 对文件重命名

9. 当计算机硬盘中有许多碎片，影响计算机性能时，应选择系统工具中的_____进行
整理。

        A. 磁盘空间管理        B. 磁盘清理程序

        C. 磁盘扫描程序        D. 磁盘碎片整理程序

10. 在 Windows 中，控制菜单图标位于窗口的_____。

    A. 左上角        B. 左下角        C. 右上角        D. 右下角

11. 在 Windows 中，标题行通常为窗口_____的横条。

    A. 最底端        B. 最顶端        C. 第二条        D. 次底端

12. 在 Windows 中，菜单行位于窗口的_____。

    A. 最顶端        B. 标题行的下面    C. 最底端        D. 以上都不是

13. 在 Windows 中，下列关于滚动条操作的叙述，不正确的是_____。

    A. 通过拖动滚动条上的滚动框可以实现快速滚动

    B. 滚动条有水平滚动条和垂直滚动条两种

    C. Windows 中的每个窗口都具有滚动条

    D. 通过单击滚动条上的滚动箭头可以实现逐行滚动

14. 下列有关还原(恢复)按钮及操作的叙述正确的是_____。

    A. 单击还原(恢复)按钮可以将最大化后的窗口恢复成原来的样子

    B. 必须双击还原(恢复)按钮才可以将最大化后的窗口恢复成原来的样子

    C. 还原(恢复)按钮存在于任何窗口内

    D. 单击还原(恢复)按钮可以将移动过的窗口恢复成原来的样子

15. 在"显示设置"对话框中，可以设置_____。

    A. 字体大小          B. 图标颜色        C. 屏幕显示分辨率    D. 屏幕背景

16. 在 Windows 中，有一些文件的内容较多，即使窗口最大化，也无法在屏幕上完全显示出来，此时可利用窗口的_____来阅读整个文件的内容。

    A. 窗口边框        B. 滚动条        C. 控制菜单        D. 最大化按钮

17. 在 Windows 中，如果想同时改变窗口的高度和宽度，可以通过拖放_____来实现。

    A. 窗口边框         B. 窗口角         C. 滚动条         D. 菜单栏

18. 若要查找所有 bmp 图形文件，可以在"开始"按钮旁边的"搜索"框中输入_____。

    A. bmp          B. bmp*         C. *bmp         D. *.bmp

19. 安装中文输入法后，在 Windows 工作环境中可随时使用_____快捷键来启动或关闭中文输入法。

    A. Ctrl+Alt        B. Ctrl+Space       C. Ctrl+Shift       D. Ctrl+Tab

20. 若要关闭排列在任务栏中的某个窗口，可用鼠标_____位于任务栏上的该窗口对应的按钮，弹出快捷菜单后，选择菜单中的"关闭窗口"项。

    A. 右键单击        B. 左键单击        C. 右键双击        D. 左键双击

21. 下面正确退出 Windows 10 的操作是_____。

    A. 直接关断电源

    B. 关闭所有窗口后，直接切断电源

    C. 在"开始"菜单中单击"电源"选项，再单击"关机"选项

    D. 在"开始"菜单中单击"电源"选项，再单击"重启"选项

22. Windows 把整个屏幕看作_____。

    A. 窗口         B. 桌面         C. 工作区         D. 对话框

23. 查看本计算机中的各种文件、文件夹和设备可以使用桌面上的_____图标来进行。

    A. 此电脑        B. 网络         C. 回收站         D. 浏览器

24. 在 Windows 中，全角输入方式和半角输入方式之间的切换可用_____快捷键。

    A. Shift+Space      B. Ctrl+Space      C. Alt+Space      D. Ctrl+Shift

25. 在 Windows 中，以下概念不正确的是_____。

    A. 各种汉字输入法的切换，可按 Ctrl+Shift 快捷键来实现

    B. 全角与半角状态可按 Ctrl+Space 快捷键来切换

    C. 汉字输入方法可按 Ctrl+Space 快捷键切换出来

    D. 当处于汉字输入状态时，若想退出汉字输入法，可按 Alt+Space 快捷键来实现

26. 在 Windows 对话框中，某些选项的左边有小方框出现，如果被选中，则其左边的方框中会打钩，该选项称为_____。

    A. 选项钮           B. 列表框           C. 复选框           D. 文本输入框

27. Windows 中活动窗口可以有_____个。

    A. 1           B. 2           C. 4           D. 任意

28. 窗口最小化后_____。

    A. 以图标的形式放在任务栏中

    B. 以小窗口放在桌面上

    C. 隐藏看不见，用鼠标右键可以将其打开

    D. 以上说法均不正确

29. 在 Windows 中，_____操作不能关闭窗口。

    A. 单击最小化按钮           B. 单击"文件"菜单中的"关闭"选项

    C. 单击关闭按钮           D. 右击标题栏后在弹出的快捷菜单中选择"关闭"选项

30. 在 Windows 中，所有的操作都具有的特点是_____。

    A. 先选择操作命令，再选择操作对象

    B. 先选择操作对象，再选择操作命令

    C. 同时选择操作对象和操作命令

    D. 允许用户任意选择

31. 控制菜单弹出以后，要恢复系统原状，则应_____。

    A. 将鼠标指针指向菜单内，单击鼠标左键

    B. 将鼠标指针指向菜单外，单击鼠标左键

    C. 将鼠标指针指向菜单内，单击鼠标右键

    D. 将鼠标指针指向菜单外，单击鼠标右键

32. Windows 是一种_____。

    A. 文字处理系统           B. 计算机语言

    C. 字符型的操作系统           D. 图形化的操作系统

33. 在 Windows 中，以下操作将窗口最小化的是_____。

    A. 单击最小化按钮           B. 双击标题行

    C. 单击控制菜单图标           D. 双击控制菜单图标

34. 在 Windows 中，以下操作将窗口最大化的是_____。

    A. 单击最大化按钮           B. 双击最大化按钮

    C. 单击控制菜单图标           D. 双击控制菜单图标

35. 下面有关 Windows 10 的叙述，不正确的是_____。

    A. 在 Windows 10 中，Microsoft Edge 浏览器和系统紧密结合

    B. 在 Windows 10 中，"命令提示符"选项在菜单"Windows 系统"之下

    C. 可以为 Web 页创建快捷方式

    D. 安装有 Windows 10 系统的微机在启动时，无法通过指纹或面部扫描让用户登录系统

36. 在 Windows 中，文件有 4 种属性，用户创建的文件一般具有_____属性。

    A. 存档          B. 只读          C. 系统          D. 隐藏

37. 若要查看或更改某项的信息，可查看其属性。为此将鼠标指针指向该对象并____。

    A. 单击鼠标左键                   B. 单击鼠标右键

    C. 双击鼠标左键                   D. 双击鼠标右键

38. 单击 Windows 10 桌面上的"此电脑"窗口标题栏左上角的图标，将出现_____。

    A. 窗口最大化                   B. 窗口最小化

    C. 窗口关闭                     D. 一个控制菜单

39. 用户启动"开始"按钮后，会看到"开始"菜单中包含一组命令，为了显示最近使用过的文档清单，必须单击_____命令。

    A. "图片"                    B. "文档"

    C. "电源"                    D. "设置"

40. 启动 Windows 后，桌面上会出现不同的图标。双击_____图标可浏览这台计算机中的所有内容。

    A. "此电脑"                   B. "回收站"

    C. "智能互联"                 D. "Microsoft Edge"

41. 关闭一个应用程序窗口后，该应用程序将_____。

    A. 被终止执行                   B. 继续执行

    C. 被暂停执行                   D. 被转入后台运行

42. 使用 Windows 附件中的画图软件，选取前景色为红色的操作为_____。

    A. 用鼠标右键单击红色            B. 用鼠标左键单击红色

    C. 用鼠标右键双击红色            D. 用鼠标左键双击红色

43. 使用 Windows 附件中的画图软件，画一个矩形框之后，若想让该矩形框内部填充为绿色，应先选取"填充"按钮，再_____选取绿色，最后在矩形框内单击。

    A. 用右键双击                   B. 用左键双击

    C. 用右键单击                   D. 用左键单击

44. 使用 Windows 附件中的画图软件，在画面上插入文本时，可用_____，然后再画面上拖动鼠标，在出现的虚线框中输入文本内容。

    A. 用鼠标左键双击文本按钮            B. 用鼠标右键单击文本按钮

    C. 用鼠标右键双击文本按钮           D. 用鼠标左键单击文本按钮

45. 使用 Windows 附件中的画图软件，若想改变画线宽度，可采用的操作是：选择_____工具，在线宽框内用鼠标单击所需宽度的线型。

    A. 直线          B. 铅笔          C. 矩形          D. 选定

46. 使用 Windows 附件中的画图软件，若想让图案的某一部分旋转 180 度，可以首先选择该部分图案，然后_____"旋转"右侧的小三角形，在出现的下拉菜单中选择"旋转 180 度"。

    A. 用鼠标右键单击                B. 用鼠标左键单击

    C. 用鼠标右键双击                D. 用鼠标左键双击

47. 窗口中的查看方式有_____。

    A. 超大图标、大图标、中图标、小图标、列表和详细信息

    B. 大图标、中图标、小图标、快捷方式和详细信息

    C. 超大图标、大图标、快捷方式、列表

    D. 超大图标、大图标、中图标、小图标、列表

48. 在 Windows 环境下，若要把整个桌面的图像复制到剪贴板，可按_____快捷键。

    A. Print Screen               B. Alt+Print Screen

    C. Ctrl+Print Screen           D. Shift+Print Screen

49. 在启动程序或打开文档时，如果记不清某一个文件或文件夹位于何处，可使用 Windows 10 操作系统提供的_____功能。

    A. 浏览器        B. 设置        C. 搜索        D. 控制面板

50. 在 Windows 中，下列有关启动应用程序的操作，不正确的是_____。

    A. 通过"此电脑"找到应用程序，并对其双击

    B. 通过"文件资源管理器"找到应用程序，并对其双击

    C. 通过"文件资源管理器"找到应用程序，并选择它，然后按 Enter 键

    D. 在桌面上单击已存在应用程序的快捷方式

51. 下列创建新文件夹的操作中，正确的是_____。

    A. 在需要创建新文件夹的位置单击右键，出现快捷菜单后，选择"属性"命令

    B. 在"文件资源管理器"的"文件"菜单中选择"新建"命令

    C. 进入"命令提示符"状态，执行 DIR 命令

    D. 用"此电脑"确定磁盘或上级文件夹，然后选择"查看"命令

52. 在 Windows 的文件资源管理器中，选定多个不连续文件的方法是_____。

    A. 单击每个要选定的文件

    B. 双击每个要选定的文件

    C. 单击任何一个想要选定的文件，然后按住 Shift 键单击每个要选定的文件

    D. 单击任何一个想要选定的文件，然后按住 Ctrl 键单击每个要选定的文件

53. 在 Windows 的文件资源管理器中，选定多个连续文件的方法是_____。

    A. 单击第一个文件，然后单击最后一个文件

    B. 双击第一个文件，然后双击最后一个文件

    C. 单击第一个文件，然后按住 Shift 键单击最后一个文件

    D. 单击第一个文件，然后按住 Ctrl 键单击最后一个文件

54. 对于 Windows，下面以_____为扩展名的文件是文本文件。

    A. bim           B. exe           C. jpg           D. txt

55. 文件资源管理器窗口分左、右窗格，右窗格用来_____。

    A. 预览文件内容           B. 搜索文件

    C. 复制文件           D. 新建文件

56. 启动 Windows 10 文件资源管理器的正确操作方法是_____。
    A. 右键单击"开始"按钮，选择"文件资源管理器"
    B. 单击"开始"菜单的"文档"命令，在其级联菜单中选择"文件资源管理器"
    C. 单击"开始"菜单的"设置"命令，在其级联菜单中选择"文件资源管理器"
    D. 单击"开始"菜单的"图片"命令，在其级联菜单中选择"文件资源管理器"

57. 若在文件资源管理器中将某个文本文件删除，正确的操作方法是_____。
    A. 用鼠标右键单击要删除的文件，在弹出的菜单中选择"剪切"命令
    B. 用鼠标右键单击要删除的文件，在弹出的菜单中选择"删除"命令
    C. 用鼠标右键单击要删除的文件，在弹出的菜单中选择"编辑"命令
    D. 用鼠标左键双击要删除的文件，在弹出的菜单中选择"新建"命令

58. 下列将资源管理器中文件夹重命名的多种操作中，不正确的操作方法是_____。
    A. 用鼠标左键单击要重命名的文件夹名，选择"主页"菜单中的"重命名"命令，在原文件夹名处键入新名
    B. 用鼠标左键单击要重命名的文件夹名，再次用左键单击该文件名，在原文件夹名处键入新名
    C. 用鼠标右键单击要重命名的文件夹名，在弹出的菜单中选择"新建"命令
    D. 用鼠标右键单击要重命名的文件夹名，在弹出的菜单中选择"重命名"命令

59. 在文件资源管理器窗口的"查看"菜单中，提供了显示文件图标的_____种方式。
    A. 3　　　　　　B. 4　　　　　　C. 5　　　　　　D. 6

60. 在文件资源管理器窗口的左窗格中，文件夹图标含有"v"时，表示该文件夹_____。
    A. 含有子文件夹，还未被展开　　　B. 含有子文件夹，并已被展开
    C. 未含子文件夹，并已被展开　　　D. 未含子文件夹，还未被展开

61. 在文件资源管理器窗口用鼠标选择不连续的多个文件的正确操作方法是先按住 Ctrl 键，然后_____要选择的各个文件。
    A. 逐个用右键单击　　　　　　B. 逐个用右键双击
    C. 逐个用左键双击　　　　　　D. 逐个用左键单击

62. 在文件资源管理器下利用菜单进行文件或文件夹的复制，需要经过一系列步骤，以下不采用的操作是_____。
    A. 选择欲复制的文件　　　　　B. 选用"主页"菜单下的"移动"命令
    C. 选择目的文件夹　　　　　　D. 选用"主页"菜单下的"粘贴"命令

63. 在 Windows 中，_____不属于控制面板操作。
    A. 更改日期和时间　　　　　　B. 添加设备
    C. 调整系统声音　　　　　　　D. 造字

64. 在 Windows 10 中，回收站是_____。
    A. 内存中的一块区域　　　　　B. 硬盘上的一块区域
    C. 软盘上的一块区域　　　　　D. Cache 中的一块区域

65. 在文件资源管理器中选定了文件或文件夹后，若要将它们复制到另一驱动器的文件夹中，可以_____，用鼠标拖动文件或文件夹到另一驱动器。

    A. 按下 Shift 键              B. 按下 Ctrl 键

    C. 按下 Tab                D. 按下 Alt 键

66. 在文件资源管理器中选定文件或文件夹后，若要将它们移到另一驱动器的文件夹中，其操作为_____。

    A. 按下 Shift 键，拖动鼠标      B. 按下 Ctrl 键，拖动鼠标

    C. 按下空格键，拖动鼠标        D. 按下 Alt 键，拖动鼠标

67. 若想更改显示器的亮度，下列操作正确的是_____。

    A. 用鼠标右键单击屏幕，在弹出的菜单中选择"个性化"

    B. 用鼠标右键单击屏幕，在弹出的菜单中选择"新建"

    C. 用鼠标右键单击屏幕，在弹出的菜单中选择"显示设置"

    D. 用鼠标右键单击屏幕，在弹出的菜单中选择"刷新"

68. 若要卸载某个程序，应先启动"控制面板"，再使用其中的_____功能。

    A. 程序      B. 轻松使用      C. 系统和安全      D. 用户账户

69. 文件资源管理器"主页"菜单中的"复制"命令的含义是_____。

    A. 将文件或文件夹从一个文件夹复制到另一个文件夹

    B. 将文件或文件夹从一个文件夹移到另一个文件夹

    C. 将文件或文件夹从一个磁盘复制到另一个磁盘

    D. 将文件或文件夹送入剪贴板

70. 在进行"粘贴"操作之前，应该先通过_____操作将准备粘贴的内容送入剪贴板。

    A. 复制      B. 重命名      C. 移动      D. 编辑

71. 在文件资源管理器中，更改文件或文件夹的名称可使用_____菜单下的"重命名"命令。

    A. "主页"      B. "查看"      C. "文件"      D. "工具"

72. 在进行智能 ABC 中文输入时，若候选汉字选择区中不能显示全部汉字，可以用_____进行前后翻页。

    A. "="和"-"    B. "{"和"}"    C. "+"和"-"    D. PgUp 和 PgDn

73. 在文件资源管理器左侧的一些图标前边往往有"＞"符号，其含义是_____。

    A. 下一级子文件夹已经展开      B. 下一级子文件夹没有展开

    C. 不存在下级子文件夹      D. 下一级只有文件而没有文件夹

74. 以下在 Windows 桌面上创建应用程序快捷方式的操作，_____是正确的。

    A. 在任务栏空白处，单击右键，选择"任务栏设置"命令

    B. 在桌面空白处，单击右键，选择"新建"菜单下的"快捷方式"命令

    C. 在"文件资源管理器"中选择"主页"菜单下的"粘贴"命令

    D. 在"控制面板"中选择"外观和个性化"下的"启动轻松访问键"命令

75. 若要在 Windows 10 系统下重启计算机,可以_____。

　　A. 切断电源,重新开机

　　B. 先按住 Ctrl 和 Alt 键,再按住 Delete 键

　　C. 单击"开始"按钮,使用"电源"选项下的"重启"命令

　　D. 单击"开始"按钮,使用"电源"选项下的"关机"命令

76. 使用 Adobe Reader 打开 PDF 文件后,可通过菜单栏和工具栏对文档的内容进行_____操作。

　　A. 浏览　　　　　　B. 删除　　　　　　C. 替换　　　　　　D. 编辑

77. 选定要移动的文件或文件夹,按_____快捷键剪切到剪贴板中,在目标文件夹窗口中按 Ctrl+V 快捷键进行粘贴,即可实现文件或文件夹的移动。

　　A. Ctrl+A　　　　　　B. Ctrl+C　　　　　　C. Ctrl+X　　　　　　D. Ctrl+S

78. 按_____快捷键可以在中文输入法和英文输入法之间进行快速切换。

　　A. Ctrl+Tab　　　　B. Ctrl+Space　　　　C. Shift+Tab　　　　D. Ctrl+Shift

79. 切换窗口可以通过任务栏的按钮来切换,也可按_____快捷键来切换。

　　A. Ctrl+Tab　　　　B. Alt+Tab　　　　C. Shift+Tab　　　　D. Ctrl+Shift

80. 在编辑完文档后,需要将其关闭,除了可以用退出 Word 的方法来关闭文档外,还可以通过选择"文件/关闭"命令或按_____快捷键。

　　A. Ctrl+F4　　　　　　　　　　　　B. Ctrl+F2

　　C. Ctrl+F3　　　　　　　　　　　　D. Ctrl+F1

81. 在"控制面板"窗口选中"时钟和区域"之后,不可进行_____操作。

　　A. 更改日期　　　　　　　　　　　B. 更改货币符号

　　C. 更改时间　　　　　　　　　　　D. 更改字体设置

82. 按_____键可以在汉字输入法中进行中英文切换。

　　A. Ctrl　　　　　　B. Tab　　　　　　C. Shift　　　　　　D. Alt

83. 在文件资源管理器中,可以选择_____菜单下的"剪切"选项进行"剪切"操作。

　　A. 文件　　　　　　B. 查看　　　　　　C. 共享　　　　　　D. 主页

84. 在"控制面板"窗口中,可以选择_____下的选项进行"添加设备"操作。

　　A. 系统和安全　　　　　　　　　　B. 网络和 Internet

　　C. 硬件和声音　　　　　　　　　　D. 轻松使用

85. 窗口的组成部分中不包含_____。

　　A. 标题栏、地址栏、状态栏　　　　B. 搜索栏、工具栏

　　C. 导航窗格、窗口工作区　　　　　D. 任务栏

### 2.3.2　判断正误题

1. 查找和替换功能对查找和替换的对象没有限制。　　　　　　　　　　　　(　　)

2. 当输入的文本内容占满一行后，插入点自动跳至下一行行首，实现换行。当需要对文本进行分段处理时，按 Enter 键可将文本分段。 （　　）

3. 进入 Windows 10 操作系统后，默认使用的是中文输入法。 （　　）

4. 在不同的状态下，鼠标光标的表现形式都一样。 （　　）

5. 保存文件或文件夹是管理文件时的基本操作之一，也是非常重要的操作。 （　　）

6. 所有的网页信息都显示在网页浏览窗口中。 （　　）

7. 一个文件夹窗口最下方的状态栏可以显示该文件夹中的项目个数，但是无法显示其中被用户选中的项目个数。 （　　）

8. 在一个文件夹的图标上双击鼠标左键，可以打开一个快捷菜单。 （　　）

9. 在一个文件夹的窗口中，选择"查看"菜单下的"列表"后，可以看到文件夹中每个文件的修改日期。 （　　）

10. 在计算机中运行任何一个软件都可以在"开始"菜单中执行。 （　　）

11. 对于 Windows 中一个已打开的菜单，若用鼠标单击其菜单名，则会关闭该菜单。 （　　）

12. 在 Windows 的某应用程序窗口操作中，若用鼠标左键单击"最小化"按钮，则会关闭该应用程序。 （　　）

13. 若要用鼠标操作复制一个文件，可在 Windows 的文件资源管理器窗口中，先按住键盘的 Shift 键，再把选好的文件图标用鼠标拖到一个目录图标或驱动器图标下，释放按键即可。 （　　）

14. Windows 的应用程序窗口与文档窗口的最大区别是后者不含菜单栏。 （　　）

15. 在 Windows 中，将可执行文件从"文件资源管理器"窗口中用鼠标右键拖到桌面上可以创建快捷方式。 （　　）

16. 用菜单进行文件或文件夹的移动，需要依次经过剪切、选择和粘贴。 （　　）

17. 关闭一个应用程序窗口可以用 Ctrl+F4 快捷键。 （　　）

18. 当一个应用程序最小化后，该应用程序将被终止执行。 （　　）

19. 打开某一应用软件，当使用键盘操作时，可以同时按下 Ctrl 键和菜单项中带下画线的字母来选择某个菜单项。 （　　）

20. 若想更改桌面上的某个图标，可以通过在该图标上单击右键，在弹出的快捷菜单中选择"属性"，在"属性"窗口中选择"快捷方式"选项卡，再单击"更改图标"按钮去实现。 （　　）

21. 双击鼠标就是连续单击鼠标两次。在双击鼠标时，在第一次与第二次单击鼠标之间，不能移动鼠标，否则双击无效，只相当于单击命令。 （　　）

22. 任务栏只能位于桌面的底部，不能重新设置使任务栏位于顶部或其他位置。 （　　）

23. 控制面板是用来对 Windows 10 本身或系统本身的设置进行控制的一个工具集。 （　　）

24. Windows 提供的记事本程序和写字板程序的功能是完全一样的，都是纯文本编辑器。 （　　）

25. 文档窗口是应用程序窗口的子窗口。 （　　）

26. 一个应用程序窗口只能显示一个文档窗口。 （　　）

27. 一旦屏幕保护开始，原来在屏幕上的当前窗口就被关闭了。 （　　）

28. 可以按用户的意愿重新排列桌面上的图标。　　　　　　　　　　　（　　）

29. 关闭一个窗口就是将该窗口正在运行的程序转入后台运行。　　　　（　　）

30. 为应用程序创建快捷方式，就是为应用程序再增加一个备份。　　　（　　）

31. 只有对活动窗口才能进行移动、改变大小等操作。　　　　　　　　（　　）

32. 若想执行"磁盘清理"操作，可以单击"开始"按钮，在出现的菜单中单击"Windows
附件"选项，出现子菜单后，选择"磁盘清理"。　　　　　　　　　　　　（　　）

### 2.3.3　填空题

1. 操作系统的功能是_____。

2. 打开 Windows 附件中的画图软件，使用颜色填充工具进行涂色时，对_____图形
会发生色溢。

3. 对局域网中的计算机，Windows 通过_____可以访问局域网中其他计算机中的信息。

4. 在某个文档窗口中已进行了多次剪切操作，并关闭了该文档窗口后，剪贴板中的内容为
_____。

5. Windows 操作系统在显示文件或文件夹时，既可以显示名称及大小等文字信息，也可以
显示其_____。

6. 若要安装或删除一个应用程序，可以先打开_____窗口，然后使用其中的"卸载或更
改程序"功能。

7. 通过_____可恢复被误删的文件或文件夹。

8. 可以按_____，进行窗口切换。

9. 在 Windows 10 中，若想查看文件或文件夹的属性，可以用鼠标_____单击文件或
文件夹的图标，在弹出的菜单中选择"属性"。

10. 在 Windows 10 操作系统中，若想查看本台计算机系统中的所有软件和硬件资源，可以
选择桌面上的_____图标。

11. 在 Windows 10 操作系统中，若想更改浏览器的主页设置，可以打开_____，单击
其中的"网络和 Internet"，然后再选择"更改主页"。

12. Windows 将一些外设当作文件处理，这些和设备相关的文件称为_____。

13. 在 Windows 10 启动并切换到 MS-DOS 方式后，若要再次进入 Windows 10，则可以使
用_____命令来实现。

14. 进入 Windows 10 的"文件资源管理器"，选择某一个文本文件，将其属性设置为_____
之后，该文本文件就只能浏览，而不能被修改了。

15. 若要显示每个文件的详细信息，可以进入 Windows 10 的"文件资源管理器"，打开
_____选项卡，单击其中的"详细信息"。

16. 每当运行一个应用程序时，Windows 10 系统都会在_____上增加一个按钮。

17. 在 Windows 10 中，利用"查找"对话框可以查找文件，若要查找文件名的第二个字母
为 i 的所有文件，可以在"查找"对话框的名称处输入_____。

18. 右键单击 Windows 10 的_____按钮，从弹出的快捷菜单中选择"文件资源管理器"，
可以打开"文件资源管理器"。

19. Windows 中，有些菜单选项的右端有一个向右的箭头，其含义是_____。

20. Windows 中，菜单中灰色显示的命令项代表_____。

21. 剪贴板是 Windows 中的一个重要概念，它的主要功能是_____；它是 Windows 在_____中开辟的一块临时存储区。

22. 当利用剪贴板将文档信息放到内存的某个存储区备用时，必须先对要剪切或复制的信息进行_____操作。

23. 在 Windows 中，_____是安排在桌面上的某个应用程序的图标。如果要启动该程序，只需_____该图标即可。

24. 在文件资源管理器窗口中，要想显示文件的扩展名，可以使用_____选项卡中的"文件扩展名"来进行设置。

25. 对文档内容进行修改后，若要将修改后的内容另外保存起来，而不改变原文档的内容，此时可以使用"文件"菜单下的_____命令。

26. 在文件资源管理器窗口中，有的文件夹前边带有一个 **>** 符号，它表示_____。

27. _____操作是对要操作的对象进行标记，使之高亮度显示，以区别于其他部分，它并不产生任何执行动作。

28. 在 Windows 中，一旦屏幕保护开始，则当前窗口处于_____状态。

29. 按_____快捷键，将立即删除选定的文件或文件夹，而不会将它们放入回收站。

30. 选定任意多个不连续的文件或文件夹时，要按住_____键，再单击各个文件或文件夹。

31. 按_____快捷键，可以将当前窗口全部复制到剪贴板中。

32. 按_____快捷键，可以把剪贴板上的信息粘贴到某个文档窗口的插入点处。

### 2.3.4 简答题

1. 操作系统的概念是什么？
2. 操作系统从功能上可分为几种类型？
3. 在 Windows 10 中启动一个应用程序有哪几种途径？
4. 在 Windows 10 中，如何使用控制面板卸载一个应用程序？
5. 在 Windows 10 中，如何通过文件资源管理器为某一个文件设置"只读"属性？
6. 在 Windows 10 中，如何为某一个应用程序在桌面上创建快捷方式？
7. 回收站的功能是什么？如何删除文件？

# 2.4 习题参考答案

## 2.4.1 单项选择题答案

| | | | | | | | | | |
|---|---|---|---|---|---|---|---|---|---|
| 1. B | 2. C | 3. D | 4. A | 5. C | 6. A | 7. A | 8. B | 9. D | 10. A |
| 11. B | 12. B | 13. C | 14. A | 15. C | 16. B | 17. B | 18. D | 19. B | 20. A |
| 21. C | 22. B | 23. A | 24. B | 25. D | 26. C | 27. A | 28. A | 29. A | 30. B |
| 31. B | 32. D | 33. A | 34. A | 35. D | 36. A | 37. B | 38. D | 39. B | 40. A |

| 41. A | 42. B | 43. D | 44. D | 45. A | 46. B | 47. A | 48. A | 49. C | 50. D |
| 51. B | 52. D | 53. C | 54. D | 55. A | 56. A | 57. B | 58. C | 59. B | 60. B |
| 61. D | 62. B | 63. D | 64. B | 65. B | 66. A | 67. C | 68. A | 69. D | 70. A |
| 71. A | 72. C | 73. B | 74. B | 75. C | 76. A | 77. C | 78. B | 79. B | 80. A |
| 81. D | 82. C | 83. D | 84. C | 85. D | | | | | |

### 2.4.2 判断正误题答案

| 1. × | 2. √ | 3. × | 4. × | 5. √ | 6. × | 7. × | 8. × | 9. × | 10. √ |
| 11. × | 12. × | 13. × | 14. × | 15. √ | 16. × | 17. × | 18. × | 19. √ | 20. × |
| 21. √ | 22. × | 23. √ | 24. × | 25. √ | 26. × | 27. × | 28. √ | 29. × | 30. × |
| 31. √ | 32. √ | | | | | | | | |

### 2.4.3 填空题答案

1. 提高软件和硬件资源的利用率、提供使用方便的用户界面
2. 不封闭
3. 网络
4. 最后一次剪切的内容
5. 最后修改时间
6. 控制面板
7. 撤销
8. Alt +Tab 快捷键
9. 右键
10. 此电脑
11. 控制面板
12. 驱动程序
13. Exit
14. 只读
15. 查看
16. 任务栏
17. ?i*.*
18. 开始
19. 该菜单项下面还有子菜单
20. 当前不能选取执行
21. 传递信息　内存
22. 选定
23. 快捷方式　双击
24. 查看
25. 另存为
26. 还包含有子文件夹
27. 选定
28. 后台运行
29. Shift+Del
30. Ctrl
31. Alt+Print Screen
32. Ctrl+V

### 2.4.4 简答题答案

(答案略)

## 2.5 上机实验练习

### 2.5.1 实验一 Windows 10 基本操作

#### 一、实验目的

1. 掌握 Windows 10 的启动和关闭。
2. 熟悉窗口和图标操作。
3. 掌握快捷方式的创建与使用。
4. 了解如何获取 Windows 10 的帮助信息及其他一些基本操作。

**二、实验内容**

1. 进入 Windows 10，打开"此电脑"窗口，熟悉 Windows 10 的窗口组成，然后练习下列操作。

(1) 移动窗口。

(2) 适当调整窗口的大小，滚动条出现后，滚动窗口中的内容。

(3) 先最小化窗口，然后再将窗口复原。

(4) 先最大化窗口，然后再将窗口复原。

(5) 关闭窗口。

2. 打开"此电脑"窗口，再打开 "文件资源管理器"窗口，然后进行下列操作。

(1) 通过任务栏和快捷键切换当前窗口。

(2) 以不同方式排列已打开的窗口中的文件和文件夹。

(3) 打开"文件资源管理器"窗口中的"文件"菜单，单击"关闭"命令项，关闭该窗口。

(4) 在"此电脑"窗口中，单击"查看"选项卡下的"详细资料"命令项，观察窗口中的各项由原来的图标改变为详细资料列表。

3. 通过任务栏查看当前日期和时间，如果不正确，请进行修改。

4. 通过单击"开始"按钮，选择"Windows 附件"中的"记事本"来启动记事本程序，输入一些汉字信息，保存起来，然后退出该程序。

5. 再次启动记事本程序，单击任务栏上的输入法按钮，切换输入法，分别进行汉字和英文的输入练习，保存起来，然后退出该程序。

6. 在桌面上创建启动记事本程序的快捷方式。

7. 通过"开始"菜单的"设置"命令，了解有关的设置信息。

8. 安全退出 Windows 10。

## 2.5.2 实验二 Windows 10 文件资源管理器的使用

**一、实验目的**

1. 熟悉文件资源管理器的窗口界面和基本操作。

2. 掌握文件和文件夹的各类操作。

**二、实验内容**

1. 打开文件资源管理器，对照教材熟悉文件资源管理器的窗口组成，然后进行下列操作。

(1) 单击各个选项卡，查看每个选项卡中包含的选项内容。适当调整左右窗格的大小。

(2) 改变文件和文件夹的显示方式及排序方式，观察相应的变化。

2. 在 D 盘上创建一个名为 Lx 的文件夹，再在 Lx 文件夹下创建一个名为 Lxsub 的子文件夹，然后进行下列操作。

(1) 在桌面上创建 4 个类型为"文本文档"的文件，然后将其移到 C:\Lx 文件夹。

(2) 将 D:\Lx 文件夹中的一个文件移到 Lxsub 子目录。

(3) 在 D:\Lx 文件夹中创建一个类型为"文本文档"的空文件，文件名为 Mytxt。

3. 在桌面上创建启动"写字板"的快捷方式，然后使用该快捷方式启动"写字板"，编辑一段文字，为这段文字建立一个文件，保存在桌面上。

4. 查看"Microsoft Word 文档"的文件类型，了解该类文件的默认扩展名、文件类型、打开方式等。

5. 查看任意文件夹的属性，了解该文件夹的位置、大小、包含的文件及子文件夹数，创建时间等信息。

6. 选择"文件资源管理器"窗口中的一个文件夹，对其进行设置，让各个文件以详细信息的形式显示。

7. 在"文件资源管理器"窗口的右窗格中，按类型排序 D 盘中的某个文件夹中的文件与文件夹图标。

8. 在"文件资源管理器"窗口的左窗格中，练习折叠与展开文件夹。

9. 选择某个文本文件，设置文件的属性为"只读"，试试能否对该文件进行修改操作。然后再取消"只读"，试试能否对该文件进行修改操作。

10. 在"文件资源管理器"窗口中，试进行下列的桌面操作。

(1) 在桌面上创建一个名为"我的常用程序"的文件夹。

(2) 在该文件夹中创建几个常用程序(例如记事本、Word、Excel)的快捷方式。

(3) 重命名在桌面上创建的文件夹。

(4) 删除、撤销删除在桌面上创建的文件夹。

(5) 按修改日期重新排列桌面上的图标。

### 2.5.3　实验三　Windows 10 的控制面板及环境设置

**一、实验目的**

学习如何使用控制面板熟练地进行各种环境设置。

**二、实验内容**

1. 通过选择"外观和个性化"|"启用或关闭高对比度"，弹出设置对话框，在"个性化"下面选择"背景"，进行下列设置操作。

(1) 在右侧"背景"下面的选择框中，分别选择图片、纯色、幻灯片放映，然后观察实际效果。

(2) 在右侧"背景"下面的选择框中，选择图片之后，单击下面的"浏览"，随机选取一张图片，然后观察实际效果。

2. 通过选择"外观和个性化"|"启用或关闭高对比度"，弹出设置对话框，在"个性化"下面选择"字体"，查看系统的各种可用字体。

3. 通过选择"外观和个性化"|"启用或关闭高对比度"，弹出设置对话框，在"个性化"下面选择"开始"，单击"选择哪些文件夹显示在'开始'菜单上"，查看里面的开关情况。

4. 在控制面板中单击"时钟和区域"，在"时钟和区域"窗口中单击"设置时间和日期"，更改其中的日期，查看效果。再单击"更改日期、时间或数字格式"，查看效果。最后恢复初始设置。

5. 在控制面板中打开"程序"属性窗口，查看卸载或更改程序等操作的界面。单击"启用或关闭 Windows 功能"，查看其中的选项。

### 2.5.4 实验四 Windows 10 各种附件的使用

#### 一、实验目的

了解 Windows 10 各种附件的使用功能。

#### 二、实验内容

1. 打开"画图"应用程序，画一个边线为蓝色的圆，圆内颜色填充为黄色，在圆内画一个绿色的矩形。将画好的图片文件保存到桌面(文件名自定)。

2. 打开"记事本"应用程序，输入一段汉字和一段英文，输入后将文本文件保存到桌面(文件名自定)。

3. 打开"截图工具"应用程序，在桌面上截取一个矩形区域，将截取后的矩形区域图片保存到桌面(文件名自定)。

### 2.5.5 实验五 Windows 10 新特性的操作

#### 一、实验目的

了解 Windows 10 各种新特性的操作方式。

#### 二、实验内容

1. 练习 Windows 10 中常用特性的操作，观察其实现效果。
2. 开启语音识别功能，利用语音操作计算机。
3. 学习 Windows 10 兼容模式的安装与使用。
4. 练习 Windows 10 个人数字助手"小娜"的使用。

# 第 3 章

# Word 2016 文字处理软件

## 3.1 基本知识点

### 1. 汉字编码知识

国标码：汉字编码的国家标准。一个汉字所在的区号和位号简单地组合在一起就构成了该汉字的"国标区位码"。

输入码(外码)：输入汉字时使用的汉字编码。其中比较流行的有全拼、智能、五笔字型等输入法。

机内码：计算机内部进行存储、处理、传输的统一代码。每一个汉字都有唯一的机内码，占两个字节，每个字节的最高位为 1。

字形码：汉字模型的表示方法，用于显示和打印输出。所有汉字的字形码构成汉字库。

### 2. Word 2016 概述

1) Word 2016 的特点和功能

Word 2016 是 Microsoft 公司推出的 Office 2016 中的一个重要组件，是一种功能强大的用于文字处理的办公软件，具有文字、图形及表格处理等功能，可以方便地进行屏幕截图、图文混排，还可以制作 Web 页，存取 HTML、XML 文件等。

其功能有编辑处理功能、排版处理功能、表格处理功能、图形处理功能、页面排版和邮件合并功能、制作 Web 主页功能等。

2) Word 2016 的工作窗口认识

Word 2016 的工作窗口整体上可分为四大块，分别是控制和功能区域、导航窗格区域、用户编辑区域、状态栏区域。

控制区包括快速访问工具栏、标题栏、窗口控制按钮等。功能区主要包括"开始""插入""设计""布局""引用""邮件""审阅""视图""加载项"等选项卡。状态栏显示了页号、总页数、总字数等，还可以进行基本视图的切换与显示比例的改变。

### 3. 文档的基本操作

**1) 创建、存储或打开文档**

创建新文档：使用"文件"选项卡中的"新建"命令；或使用快速访问工具栏中的"新建"按钮；首次进入 Word 时会自动创建"文档 1"。

存储文档：单击快速访问工具栏中的"保存"按钮；或者执行"文件"选项卡中的"保存"或"另存为"命令。文档的默认扩展名为".docx"，也可以选择保存为其他 Word 2016 支持的文件类型。

打开已有的文档：单击"文件"选项卡中的"打开"命令，将会出现"打开"界面，操作时选择打开文件的位置，可以通过浏览的方式来选择文件，然后打开即可。

**2) 正文的输入**

在录入文本时应注意以下问题：各行结尾时 Word 会自动换行，所以不必按 Enter 键，一个段落结束时才需要按 Enter 键，表示分段。段落前面避免使用空格键，最好使用段落首行缩进的方法来实现。文本对齐方式可用段落组中的命令操作实现。

**3) 文本的选定、删除、移动和复制**

选定文本：先选定，后操作，常拖动鼠标选定文本。可选词、块、段、一行或几行或全部。借助 Ctrl 键还可同时选择若干个块。

删除文本：选定文本，按 Delete 键；或者单击"开始"功能区"剪贴板"组中的"剪切"按钮；或者使用快捷菜单中的"剪切"命令。

移动文本：选定文本，剪切，将插入点定位到目标处，粘贴；或者将鼠标指针指向选定文本，再拖动到目标处。

复制文本：选定文本，首先复制，然后将插入点定位到目标处，执行粘贴命令；或者将鼠标指针指向选定文本，按住 Ctrl 键的同时拖动鼠标到目标处，然后松开鼠标。

**4) 撤销和恢复操作**

在编辑文本时，对于误操作，可以通过执行快速访问工具栏中的"撤销"和"恢复"命令来补救过错。

**5) 文本的查找与替换**

在编辑文档时，会经常需要查寻或更改一些文档内容，掌握"查找"和"替换"命令的运用可以给文档的编辑带来方便。

查找：在"开始"功能区的"编辑"组中，选择"查找"列表中的"高级查找"命令，输入要查找的内容及格式。选择一个要查找的词句，单击"查找"命令可以找到正文中所有相同的词句。

替换：在"开始"功能区的"编辑"组中，执行"替换"命令，输入要查找及替换的内容，选择"替换"或"全部替换"按钮。

**6) 文档的视图**

页面视图：所见即所得的效果，可直观显示页面设置、页眉、页脚、分栏、段落、字体、图片及图文混排等各种编辑效果。

大纲视图：适合对长文档进行编辑，可以在各部分间快速移动，进行整体版式控制以及主控文档与子文档的操作。

草稿视图：不能看到页眉、页脚及分栏。多用于一般文字录入时使用，并可进行文字、段落的排版编辑。

阅读版式视图：适合于对文档进行阅读。

Web 版式视图：比较适合于制作网页文档。

### 4. 页面的排版

1) 页面设置

在"布局"功能区的"页面设置"组中选择相关的命令可以设置纸张大小、纸张方向、文字方向、页边距、页面分栏等，还可以进行设置分隔符和行号等操作。

2) 页眉、页脚和页码

在"插入"功能区的"页眉和页脚"组中进行操作。页眉位于页面上部，页脚位于页面底部。在页眉或页脚编辑状态下会出现页眉和页脚设计工具，利用它们可以对页眉和页脚进行设计与操作。操作结束后可以单击"关闭页眉和页脚"按钮，退出页眉或页脚编辑状态。

页码：在"插入"功能区的"页眉和页脚"组中进行操作。单击"页码"按钮，在弹出的菜单中进行设置。

### 5. 文档的排版

1) 字符格式编排

字符格式是为字符设置字号、字体、字形、字间距、文本效果和字符边框、底纹等的修饰。可通过"开始"功能区的"字体"组提供的命令来操作，也可通过"字体"组的右下角的对话框启动器打开"字体"对话框进行操作。

字符格式可以使用"格式刷"进行复制应用。

2) 段落格式编排

为整个段落设置首行缩进、对齐方式、行间距、段间距等。可用"开始"功能区的"段落"组提供的命令进行操作，也可通过"段落"组的右下角的对话框启动器打开"段落"对话框进行操作。

段落标记既标识了段落的结束，又存储了该段落的格式。

段落文本的对齐方式：有两端对齐、左对齐、居中、右对齐和分散对齐。

文本缩进：有左缩进、首行缩进、悬挂缩进和右缩进。

段落的边框和底纹：在"段落"组中选择"边框"或"底纹"按钮，可设置边框和底纹。

3) 项目符号、编号、多级列表

作用于以段落为基本单位的文本项，通过"开始"功能区的"段落"组提供的相关命令可以方便地实现。

4) 分栏

选中要分栏的段落，在"布局"功能区的"页面设置"组所提供的分栏命令选项中，选择"更多栏"命令选项，在弹出的对话框中可以进行栏数、栏间距、分隔线等设置。

5) 样式

样式是若干文本格式的组合，每个样式都有一个样式名。样式有 Word 提供的内置样式，也可以按需要自行创建。应用样式的方法与设置格式的方法相似，先选中要应用样式的文本，然后在"开始"功能区的"样式"组中选择样式名即可。样式可以更改，更改后的样式自动应用于已应用该样式的文本中。

6) 模板

模板是创建 Word 文档的基础文件，一般其中预置了基础的格式设置，有的模板还提供了基础文本内容，这为快捷高效地创建用户文档提供了便利。

在新建文档时可以选择一种合适的模板。

### 6. Word 表格

1) 表格的建立

表格的建立包括插入空表、绘制自由表格、将文本转换成表格和输入表格内容，可以通过"插入"功能区"表格"组中的命令进行操作。

2) 表格的编辑

选定编辑对象，可以插入、删除、移动、复制行或列，改变行高与列宽，合并、拆分单元格和表格。将光标定位于表格中时会出现表格工具，可以利用该工具对表格进行设计与布局。

3) 格式化表格

格式化表格。包括表格及内容的对齐、表格加边框及底纹、表格的计算、表格的排序、由表生成图等操作。

4) 表格数据的计算

对表格中的数据，Word 提供了计算功能，可以编辑公式进行计算，或通过函数进行计算。

### 7. Word 2016 的图形功能

可直接插入 Word 文档中并对其进行编辑的图形有：剪辑库中的图片、Windows 提供的图形文件、"艺术字"、用数学公式编辑器建立的数学公式、通过"绘图"工具栏绘制的自选图形等。

1) 插入图片文件

可直接插入.bmp、.wmf、.png、.gif 和.jpeg 等格式的图片文件。定位插入点，在"插入"功能区的"插图"组中选择"图片"按钮，在打开的对话框中选择文件即可。还可在"插入"功能区的"插图"组中选择"联机图片"按钮，在更大范围内选择图片。

2) 编辑图片

编辑图片包括选定图片、缩放、旋转、裁剪、移动、复制、删除、改变图片与文字的环绕方式，以及改变图片的颜色、亮度、艺术效果、删除背景等操作。

3) 绘制图形

"插入"功能区"插图"组中的"形状"下拉列表中提供了大量的图形绘制工具，单击任一工具，在编辑区按下左键并拖动鼠标即可绘制出相应的图形。

4) 艺术字

在"插入"功能区"文本"组中的"艺术字"下拉列表中选择艺术字样式，可以插入艺术字，再进一步编辑艺术字的内容。

5) 公式编辑器

定位插入点，在"插入"功能区"符号"组中的"公式"下拉列表中选择现成的公式，或插入新公式并编辑。通过出现的公式工具对公式进行设计。

### 8. 文件的打印

1) 打印预览

在"文件"选项卡中可以直接预览打印输出的效果。

2) 打印文档

在"文件"选项卡中选择"打印"命令进行打印参数的设置，然后单击"打印"按钮即可。

### 9. Word 2016 的其他功能

(1) 题注：给表格、图片、图表、公式等项添加名称和编号。

在"引用"功能区的"题注"组中选择"题注"命令，会弹出"题注"对话框。

(2) 注释：对文档中一些术语的补充说明，一般位于页面的底部或文档的结尾，分为"脚注"和"尾注"。

在"引用"功能区的"脚注"组中选择"插入脚注"命令插入脚注并编辑脚注内容，选择"插入尾注"命令插入尾注并编辑尾注内容，单击"脚注"组右下角的对话框启动器则打开"脚注和尾注"对话框，在其中可以进行更多相关设置。

(3) 书签：对选定的文本、图形、表格以及其他项的一种特定标记。书签可以在屏幕中显示为一对方括号，书签是不可打印的。在"插入"功能区的"链接"组中单击"书签"命令，在弹出的"书签"对话框中可进行相关设置。

(4) 交叉引用：指文档的一个位置对文档另一个位置的内容进行引用，例如，可以引用标题、脚注、书签、题注、编号等。在"插入"功能区的"链接"组中选择"交叉引用"命令，在弹出的"交叉引用"对话框中，可以设置要引用的内容。

## 3.2　重点与难点

### 1. 重点

本章的重点是 Word 2016 的基本概念与基本操作。

Word 2016 的基本操作包括：文档的创建，文档的打开与编辑，文档的查找与替换，文档的保存、复制、删除、显示与打印，文档字符格式的设置，段落格式和页面格式的编排，Word 2016 的图形功能以及图文混排，Word 2016 的表格制作、表格编辑等。

### 2. 难点

本章的难点是输入码、国标码、机内码和字形码之间的关系，以及区位码、国标码和机内码之间的转换，长文档的编辑、索引，目录的创建、多级项目编号、文档的页眉页脚的设置及图文混排、公式编辑等。

## 3.3　习　　题

### 3.3.1　单项选择题

1. 一个字的区位码是 54 48D，那么它的国标码是＿＿＿＿。

　　A. 54 48H　　　　　　B. 56 50H　　　　　C. 36 30H　　　　　　D. 36 48H

2. 下列不属于输入法的是＿＿＿＿。

　　A. 智能 ABC　　　　B. 五笔字型　　　　C. 紫光　　　　　　　D. 内码

3. 以输入码的形式向计算机输入的汉字信息在计算机内部以＿＿＿＿进行存储和处理。

　　A. 内码　　　　　　B. 外码　　　　　　C. 字模　　　　　　　D. 国标码

4. 以下各项用十六进制表示两个连续存储单元的内容，其中汉字编码＿＿＿＿的国标码是 2B2C。

　　A. ABACH　　　　　B. 1234H　　　　　C. BBBBH　　　　　D. ABCDH

5. 下列汉字输入法中，＿＿＿＿输入法是以汉语拼音方案为基础的输入编码。

　　A. 区位码　　　　　B. 郑码　　　　　　C. 智能 ABC　　　　D. 五笔字型

6. 若想在 Word 中选定正在编辑的整个段落，可以将鼠标指针移到选定栏，再＿＿＿＿。

　　A. 单击鼠标右键　　B. 双击鼠标左键　　C. 双击鼠标右键　　D. 三击鼠标左键

7. 假设 Word 中正在编辑已输入了 4 个段落的文档，现在插入点位于第三段第一行上的某个位置，当按下 Home 键、Delete 键后，则＿＿＿＿。

　　A. 将第二段和第三段合并为一段　　　　B. 删除第二段最后一个字

　　C. 删除第三段第一个字　　　　　　　　D. 删除整个文档最后一个字

8. 在 Word 中编辑文本时要输入 $A_1$，这里的 1 要采用下标形式。设置下标用＿＿＿＿命令。

　　A. "开始"功能区中的"段落"　　　　　B. "插入"功能区中的"文本"

　　C. "开始"功能区中的"字体"　　　　　D. "插入"功能区中的"符号"

9. 用 Word 编辑文本时，将文档中所有的 text 都改成"课本"，用＿＿＿＿操作最方便。

　　A. 中文转换　　　　B. 替换　　　　　　C. 改写　　　　　　　D. 翻译

10. 为避免在编辑操作过程中突然掉电造成数据丢失，应＿＿＿＿。

　　A. 在新建文档时即保存文档　　　　　　B. 在打开文档时即进行保存操作

　　C. 在编辑时每隔一段时间做一次存盘　　D. 在文档编辑完成时立即保存文档

11. 在 Word 表格中，关于单元格的说法，正确的是＿＿＿＿。

　　A. 只能是文字　　　　　　　　　　　　B. 不可单独进行排版和编辑

　　C. 只能是图像　　　　　　　　　　　　D. 文字、符号、图像均可

12. 在 Word 中，若要到达文档的某一位置，可使用定位操作，下列不能打开"定位"对话框的操作是＿＿＿＿。

　　A. 使用"开始"功能区"编辑"组中的"查找"下拉列表中的"转到"命令

　　B. 按 F5 键

　　C. 使用 Ctrl+G 快捷键

　　D. 使用"开始"功能区"编辑"组中的"选择"下拉列表中的"选择对象"命令

13. 下列关于在 Word 中进行页面操作的说法错误的是_____。

    A. 可以根据需要设置页边距     B. 可以设置纸型以及高度

    C. 页眉页脚设置不能分奇偶页     D. 可以指定每页的行数以及每行的字符数

14. 下列有关 Word 中段落分隔符的叙述，错误的是_____。

    A. 分隔符也能打印出来     B. 不可以自动分段

    C. 段落标记可以隐藏     D. 删除分隔符标志可将两段合成一段

15. 在 Word 中，关于查找/替换操作的说法错误的是_____。

    A. 查找内容可以设置为是否区分大小写

    B. 可以指定查找内容的字体

    C. 可以使用通配符

    D. 可以利用"同音"查找汉语中读音相同的字

16. 在 Word 中处理表格时，下列操作正确的是_____。

    A. 选定表格，按 Delete 键即可删除表格

    B. 选定表格，按 Ctrl+X 快捷键即可删除表格

    C. 通过表格布局工具中的"删除"命令删除单元格，仍可保留文字

    D. 通过表格布局工具中的命令可将任意格式的文字转换成表格

17. 在页面视图所显示的文档中，下列修饰性细节不能打印出来的是_____。

    A. 段落标记     B. 阴影     C. 空心     D. 删除线

18. 若想打开最近编辑的文档，下列说法中错误的是_____。

    A. 启动 Word 后，选择"文件"中的"打开"命令

    B. 在"文件"中的"最近所用文件"列表中选择文档

    C. 选择"开始"功能区的"样式"组中的命令

    D. 打开快速访问工具栏的下拉菜单，选择菜单列表中的命令

19. 在使用 Word 时，若要把文章中所有出现的"计算机"3 个字都改成以斜体显示，可以选择_____功能。

    A. 样式     B. 改写     C. 替换     D. 粘贴

20. 无法显示页眉和页脚的视图是_____。

    A. 阅读视图     B. 草稿视图     C. 大纲视图     D. 页面视图

21. 段落标记是在输入_____之后产生的。

    A. 句号     B. Enter 键

    C. Shift+Enter 快捷键     D. 分页号

22. 将文档中的一部分文本内容复制到其他位置，先要进行的操作是_____。

    A. 粘贴     B. 复制     C. 选择     D. 视图

23. Word 在编辑状态下，当前输入的文字显示在_____。

    A. 鼠标光标点     B. 插入点     C. 文件尾部     D. 当前行尾部

24. Word 在编辑状态下，操作的对象经常是被选择的内容，若鼠标在某行行首的左边，下列_____可以仅选择光标所在的行。

　　A. 单击鼠标左键　　　　　　　　B. 将鼠标左键单击三下

　　C. 双击鼠标左键　　　　　　　　D. 单击鼠标右键

25. Word 2016 文档文件的默认类型是_____。

　　A. txt　　　　　　B. docx　　　　　　C. wps　　　　　　D. doc

26. Word 在编辑状态下，文档中有一行被选择，按 Delete 键后会_____。

　　A. 删除插入点所在的行

　　B. 删除被选择的一行

　　C. 删除被选择行及其之后的所有内容

　　D. 删除插入点及其之前的所有内容

27. 若要将在 Windows 的其他软件环境中制作的图片复制到当前 Word 文档中，下列说法中正确的是_____。

　　A. 不能将其他软件中制作的图片复制到当前 Word 文档中

　　B. 可以通过剪贴板将其他软件制作的图片复制到当前 Word 文档中

　　C. 先在屏幕上显示要复制的图片，当打开 Word 文档时便可以将该图片复制到 Word 文档中

　　D. 先打开 Word 文档，然后直接在 Word 文档环境下显示要复制的图片

28. 在 Word 的选择框内经常会显示一些单位，下列_____符号代表的单位最大。

　　A. in　　　　　　B. cm　　　　　　C. mm　　　　　　D. Pt

29. Word 文档中，每个段落都有自己的段落标记，段落标记的位置在_____。

　　A. 段落的首部　　　　　　　　　B. 段落的结尾处

　　C. 段落的中间位置　　　　　　　D. 段落中，但用户找不到的位置

30. Word 具有分栏功能，下列关于分栏说法正确的是_____。

　　A. 最多可以设四栏　　　　　　　B. 各栏的宽度必须相同

　　C. 各栏宽度可以不同　　　　　　D. 各栏之间的间距是固定的

31. 中文版 Word 2016 编辑软件的运行环境是_____。

　　A. DOS　　　　　　B. WPS　　　　　　C. Windows　　　　　　D. 高级语言

32. Word 在编辑状态下，若要调整左右边界，利用下列_____方法更快捷。

　　A. 字体窗口　　　　B. 段落窗口　　　　C. 格式刷　　　　D. 标尺

33. 在 Word 中，若要将某一段分成两段，可以先将插入点移到分段的地方，再按_____键。

　　A. Enter　　　　　　B. Insert　　　　　　C. Ctrl+Insert　　　　D. Alt+Insert

34. Word 窗口的快速访问工具栏中，图标_____的用途为存储文件。

　　A. 　　　B. 　　　C. 　　　D.

35. 在 Word 中，使用鼠标双击选定栏，一般表示选定_____。
    A. 全部文档　　　　B. 一句　　　　　C. 一行　　　　D. 一段

36. 在 Word 中编辑文档时，若要将一段文字复制到全文最后，可以采用_____操作。
    A. 复制　　　　　　B. 粘贴　　　　　C. 复制+粘贴　　D. 剪切+粘贴

37. 在 Word 中，若要使两个已输入的汉字加粗，可以利用"开始"功能区中的_____命令进行设置。
    A. "字体"　　　　 B. "段落"　　　　C. "样式"　　　　D. "编辑"

38. 在 Word 中，段落"缩进"后打印出来的文本，其文本相对于打印纸边界的距离为_____。
    A. 页边距　　　　　　　　　　　　　B. 缩进距离
    C. 悬挂缩进距离　　　　　　　　　　D. 页边距+缩进距离

39. 在 Word 中，插入图片后，若希望形成水印图案，即文字和图案重叠，既能看到文字又能看到图案，则应_____。
    A. 将图形置于文本层之下　　　　　　B. 设置图片与文本同层
    C. 将图形置于文本层之上　　　　　　D. 在图形中输入文字

40. 下列不属于 Word 提供的辅助工具的是_____。
    A. 公式编辑器　　B. 艺术字　　　　C. 图表　　　　D. 自动图文集

41. Word 中关于自动更正和自动图文集功能的叙述，_____是错误的。
    A. "自动更正"功能可以自动更正误拼的单词
    B. 使用"自动图文集"功能需对选定的文本或图形先创建"自动图文集"词条
    C. 使用"自动更正"功能需先创建"自动更正"词条
    D. "自动更正"和"自动图文集"的基本功能是相同的

42. Word 字形和字体、字号的默认设置值是_____。
    A. 标准型，宋体，四号　　　　　　　B. 标准型，宋体，五号
    C. 标准型，宋体，六号　　　　　　　D. 标准型，仿宋体，五号

43. 在 Word 的以下视图中，能方便进行图形对象处理(插入图片、图表、文本框、图文)的视图是_____。
    A. 草稿视图　　　B. 页面视图　　　C. 大纲视图　　　D. 阅读视图

44. 在 Word 文档的以下视图中，既能编写文章大纲，又可方便地查看文章结构的视图是_____。
    A. 阅读视图　　　B. 页面视图　　　C. 大纲视图　　　D. 草稿视图

45. 在 Word 中进行文档编辑时，删除插入点前的文字内容按_____键。
    A. Backspace　　B. Delete　　　　C. Insert　　　　D. Tab

46. 若要将使用 Word 2016 创建并已保存的文档，另存为扩展名为txt的文件,应该_____。

　　A. 直接单击 Word 左上角的快速访问工具栏中的"保存" 🖫按钮

　　B. 单击"文件"选项卡，然后单击"另存为"，出现"另存为"对话框后，输入文件名，选择保存类型为"Word 文档"

　　C. 单击"文件"选项卡，然后单击"另存为"，出现"另存为"对话框后，输入文件名，选择保存类型为"纯文本"

　　D. 单击"文件"选项卡，然后单击"另存为"，出现"另存为"对话框后，输入文件名，选择保存类型为"PDF"

47. Word 相对于其他文字处理软件而言，最大的优点是_____。

　　A. 可进行图文混排　　　　　　　　B. 可设置各种字体、字形、字号

　　C. 强大的制表功能　　　　　　　　D. 编辑速度快

48. Word 默认的存放编辑文档的文件夹是_____。

　　A. Windows　　　　　　　　　　　　B. USER

　　C. My Documents　　　　　　　　　D. 用户任意设置的目录

49. 在 Word 中创建的文档文件，不能用 Windows 中的记事本打开，这是因为_____。

　　A. 文件以.docx 为扩展名　　　　　B. 文件中含有汉字

　　C. 文件中含有特殊控制符　　　　　D. 文件中的西文有"全角"和"半角"之分

50. 在编辑 Word 文档时，若要保存正在编辑的文件但不关闭和退出，则可按_____快捷键来实现。

　　A. Ctrl+S　　　　　　B. Ctrl+V　　　　　　C. Ctrl+N　　　　　　D. Ctrl+O

51. 在 Word 中，下列有关自动更正功能的叙述中，正确的是_____。

　　A. 可以自动扩展任意缩写文字

　　B. 可以理解缩写文字，并进行翻译

　　C. 可以检查任何错误，并加以纠正

　　D. 可以自动扩展定义过的缩写文字

52. 在 Word 中调节行间距应该选择_____命令。

　　A. "布局"功能区中的"分隔符"　　B. "开始"功能区中的"字体"

　　C. "开始"功能区中的"段落"　　　　D. "视图"功能区中的"缩放"

53. 在 Word 中插入一张空表时，当固定列宽设为"自动"时，系统的处理方法是_____。

　　A. 根据预先设定的默认值确定　　　B. 设定列宽为 10 个汉字

　　C. 设定列宽为 10 个字符

　　D. 根据列数和页面设定的宽度自动计算而确定

54. 在 Word 中设置字符颜色，应先选定文字，再选择"开始"功能区"_____"组内的命令。

　　A. 段落　　　　　　B. 字体　　　　　　C. 样式　　　　　　D. 编辑

55. 在 Word 中编辑文档时，使用_____键可将插入点直接移到文章末尾。

    A. Shift+End        B. Ctrl+End        C. Alt+End        D. End

56. 在 Word 中编辑文档时，为了选定大段连续的行，可以先用鼠标在选定栏单击第一行，然后利用____①____，把最后一行显示在屏幕上，再按住____②____键，并用鼠标单击该行的选定栏。

    ① A. 状态栏        B. 工具栏        C. 滚动栏        D. 标尺栏

    ② A. Ctrl        B. Alt        C. Shift        D. Enter

57. 启动 Word 2016 的方法中，常规启动法的第一步是单击_____。

    A. 鼠标左键                      B. 鼠标右键

    C. 屏幕底部左下角的"开始"按钮    D. Windows 任一图标

58. "文件"菜单中"关闭"命令的意思是_____。

    A. 关闭 Word 窗口连同其中的文档窗口，并退到 Windows 窗口

    B. 关闭文档窗口，并退到 Windows 窗口

    C. 关闭 Word 窗口连同其中的文档窗口，并退到 DOS 状态下

    D. 关闭文档窗口，但仍在 Word 内

59. 单击 Word 控制和功能区右上角的"关闭"按钮的意思是_____。

    A. 关闭 Word 窗口连同其中的文档窗口，并退到 Windows 窗口

    B. 关闭 Word 窗口连同其中的文档窗口，并退到 DOS 状态下

    C. 退出 Word 窗口并关机

    D. 退出正在执行的文档，但仍在 Word 窗口中

60. 要改变窗口尺寸，首先应将鼠标放在_____，然后再拖动鼠标。

    A. 窗口内任一位置    B. 窗口四角或四边    C. 窗口右上角按钮上

    D. 窗口标题栏           E. 窗口左上角控制按钮上    F. 窗口滚动条上

61. 下列有关 Word 格式刷的叙述中，_____是正确的。

    A. 格式刷只能复制纯文本的内容

    B. 格式刷只能复制字体格式

    C. 格式刷只能复制段落格式

    D. 格式刷既可以复制字体格式，又可以复制段落格式

62. 在 Word 中编辑文档时，要插入分页符来开始新的一页，应按_____键。

    A. Ctrl+Enter        B. Delete        C. Insert        D. Enter

63. 在 Word 中，有关表格的叙述，以下说法正确的是_____。

    A. 文本和表格可以互相转换

    B. 可以将文本转换为表格，但表格不能转换成文本

    C. 文本和表格不能互相转换

    D. 可以将表格转换为文本，但文本不能转换成表格

64. 在 Word 中，如果选中大段文字后，不小心按了空格键，则大段文字将被一个空格所代替。此时可用_____操作还原到原先的状态。

  A. 替换     B. 粘贴     C. 撤销     D. 恢复

65. 在 Word 中，只有使用_____键删除的内容，可以使用"粘贴"命令恢复。

  A. Backspace    B. Delete    C. Ctrl+X    D. Enter

66. 如果 Word 表格中同列单元格的宽度不合适，可以利用_____进行调整。

  A. 水平标尺        B. 滚动条

  C. 垂直标尺        D. 表格自动套用格式

67. 在 Word 中，要使文字环绕在图片的边界上，应选择_____方式。

  A. 四周环绕    B. 紧密环绕    C. 无环绕    D. 上下环绕

68. 新建 Word 文件的快捷键是_____。

  A. Ctrl+O     B. Ctrl+S     C. Ctrl+N     D. Ctrl+V

69. 在 Word 窗口中，利用_____可方便地调整段落伸出、缩进，页面边距、表格的列宽和行高。

  A. 标尺     B. 格式工具栏    C. 常用工具栏    D. 表格工具栏

70. 在 Word 文档中，如果要对整个段落的左边界进行调整，可以通过拖动水平标尺上的"_____"按钮来完成。

  A. 首行缩进    B. 左缩进    C. 右缩进    D. 悬挂缩进

71. 打开 Word 文件的快捷键是_____。

  A. Ctrl+O     B. Ctrl+S     C. Ctrl+N     D. Ctrl+V

72. 在 Word 环境中，不用打开文件对话框就能直接打开最近两天使用过的 Word 文件的方法是使用_____。

  A. 快速访问工具栏按钮  B. "开始"功能区的"编辑"组中的命令

  C. 快捷键      D. "文件"中的"打开"页面列出的文件

73. 关闭当前文件的快捷键是_____。

  A. Ctrl+F6     B. Ctrl+F4     C. Alt+F6     D. Alt+F4

74. 对文件 A.docx 进行修改后退出时，Word 会提问"是否将更改保存到 A.docx 中？"，如果希望保留原文件，将修改后的文件存为另一文件，应当选择"_____"按钮。

  A. 保存     B. 不保存     C. 取消     D. 确定

75. 在 Word 2016 中，要实现首字下沉功能，应_____。

  A. 执行"插入"|"首字下沉"命令

  B. 执行"插入"|"图片"命令

  C. 使用"绘图"工具栏中的"插入艺术字"按钮

  D. 执行"格式"|"首字下沉"命令

76. 退出 Word 的方法是按_____键。

    A. A1t+F4        B. F4        C. A1t+F        D. Esc

77. 用英文录入文字时，键盘字母大小写状态的切换键是_____，如果按下_____的同时输入英文字母可以改变该英文字母为另一种状态形式(即原先为小写状态的则改变为大写输入，原先为大写状态的则改变为小写输入)。

    A. Tab        B. Caps Lock        C. Ctrl

    D. Shift        E. Alt

78. Word 默认情况下，循环切换系统已安装的输入法的键盘操作键为_____；将当前中文输入法与英文输入法进行快速切换的快捷键为_____。

    A. Shift        B. Shift+ Space        C. Ctrl+Space        D. Alt+Shift

79. 用鼠标选择输入法时，可以单击屏幕_____方的输入法选择器。

    A. 左上        B. 左下        C. 右下        D. 右上

80. Word 的录入原则是_____。

    A. 可任意加空格、回车键        B. 可任意加空格，不可任意加回车键

    C. 不可任意加空格，可任意加回车键    D. 不可任意加空格、回车键

## 3.3.2 双项选择题

1. 在 Word 2016 中，下列有关表格的说法，正确的是_____。

    A. 可以将文本转换为表格        B. 不可将表格转换为文本

    C. 可以更改表格边框的线型        D. 表格中只能输入正文，不能输入图形

2. 当在 Word 2016 中对文档的某些内容进行注释时，可采用脚注或尾注，下列说法正确的是_____。

    A. 脚注正文放在所在节的底部        B. 脚注正文放在所在页的底部

    C. 注释由引用标记和注释正文构成        D. 删除了注释正文，也就删除了注释(包括标记)

3. 对 Word 2016 编辑软件来说，"开始"功能区中的"段落"组可实现的操作有_____。

    A. 设置段落间距        B. 设置行间距        C. 设置字符间距        D. 设置首字下沉

4. Word 的_____操作具有替换文档内容的功能。

    A. 样式        B. 自动图文集        C. 书签        D. 自动更正

5. 在 Word 中关闭文件时，_____。

    A. 可以关闭文件而不退出 Word

    B. 可以退出 Word 而不关闭文件

    C. 可以不保存所做的修改而关闭文件

    D. 不可以单独关闭同一个文件的几个活动窗口中的一个

6. Word 2016 可以采用视图方式显示文档，Word 2016 提供了多种视图，下列为 Word 视图的是_____。

    A. 页面视图        B. 备注页视图        C. 正文视图        D. 大纲视图

7. 利用 Word 的标尺可以完成多种编辑功能，水平标尺可以完成的功能是＿＿＿＿。

    A. 段落缩进　　　　　　　　　　　　B. 调整字符间距

    C. 调整页面的上下页边距　　　　　　D. 改变表格的列宽

8. Word 文档文件与纯文本文件的主要区别是＿＿＿＿。

    A. 是否允许插入打印格式、排版格式控制符

    B. 是否允许含有 ASCII 码

    C. 是否允许含有汉字

    D. 是否具有通用性

9. 以下关于 Word 的使用，叙述正确的有＿＿＿＿。

    A. 若按下"开始"功能区的"段落"组中的"显示/隐藏编辑标志"按钮，则可显示所有被隐藏的文字，包括空格及回车符

    B. 对插入点所在行进行设置时，可直接按下"右对齐"按钮，而不用选定行

    C. 若选定文本后，单击"加粗"按钮，则选定部分的字体全部变成粗体

    D. 单击"格式刷"按钮，可以复制多次

10. 在 Word 中，现要把某处已存在的 computer 更改为 COMPUTER，则可以＿＿＿＿。

    A. 使用"开始"功能区的"编辑"组中的"替换"命令

    B. 使用"开始"功能区的"字体"组中的"更改大小写"命令

    C. 使用"审阅"功能区的"修订"组中的修订命令

    D. 使用"开始"功能区的"样式"组中的选项进行检查

11. 在 Word 中已打开多个文档，若将当前活动文档切换成其他文档，可以＿＿＿＿。

    A. 使用"文件"选项卡　　　　　　　　B. 使用任务栏

    C. 使用"视图"选项卡　　　　　　　　D. 使用"布局"选项卡

12. 在"字体"对话框中，可设置的效果有＿＿＿＿。

    A. 删除线　　　　　B. 上标　　　　　C. 居中　　　　　D. 分页

13. 对于 Word 中的工作窗口，＿＿＿＿。

    A. 不可以改变窗口大小　　　　　　　B. 不可移动最大化窗口

    C. 可以同时激活两个窗口　　　　　　D. 只能在激活窗口中输入汉字

14. Word 打开文件的功能有＿＿＿＿。

    A. 打开任意多个文件　　　　　　　　B. 打开文件的数目取决于内存大小

    C. 一次可以打开多个文件　　　　　　D. 可以打开任何类型的文件

15. 通过 Word 的"页面设置"对话框，可以实现的功能有＿＿＿＿。

    A. 将原来纵向排列的文档变成横向排列的文档

    B. 将原来使用五号宋体排列的文档变成四号黑体排列的文档

    C. 将原来两栏排列的文档变成三栏排列的文档

    D. 将原来没有底纹排列的文档变成灰色底纹排列的文档

16. Word 具有强大的编辑功能，可以做到_____。

    A. 如果使用"剪切"命令剪切一段文字之后，可以再使用"剪切"命令剪切另一段文字，就可以将这两段文字合并放在剪贴板上

    B. 如果要求某一段文档的格式与另一段文档的格式相同，可以使用"格式刷"

    C. 如果编辑出现错误，可以撤销前面的编辑操作

    D. 使用"格式刷"时，单击一次"格式刷"，可以多次使用该格式

17. 保存正在编辑的 Word 文档可以选择的操作有_____。

    A. 单击 Word 左上角的保存按钮

    B. 在"文件"选项卡中选择"保存"命令

    C. 在"文件"选项卡中选择"新建"命令

    D. 在"视图"选项卡中选择"新建窗口"命令

### 3.3.3 填空题

1. 使用 Word 打开一个文档后，若要搜索文档中出现的名词"公司"，可以打开"导航"窗格，在"导航"窗格下的搜索框中，输入名词"公司"。若文档中存在名词"公司"，会显示有关该名词个数的信息。若文档中没有名词"公司"，这时在搜索框下面将显示_____。

2. 使用 Word 编辑完一个文档，并且保存好了之后，若要将这个文档以另一个文件名保存到计算机的另一个位置，应该单击"文件"选项卡中的_____选项。

3. 在 Word 编辑状态下，若要把一个段落分成两个段落，应进行的操作是：在需要分段的位置按下_____键。

4. 在 Word 中，若在一行文本中双击左键，则表示选定_____。

5. 在 Word 中，已插入一张多行多列的表格，现要在单元格中输入文字，由于文字太多，需要占用表格某行的 3 个单元格，因此想将这 3 个单元格合并成一个单元格。这时应该先拖动鼠标选定这 3 个单元格，然后打开表格工具的"布局"选项卡，找到其中的_____选项，单击该选项即可。

6. 在 Word 中，若要删除表格的某一行，可将光标置于该行的单元格内，然后打开表格工具的"_____"选项卡，找到其中的"删除"选项，单击该选项之后，在出现的菜单中选择"删除行"命令即可。

7. 在 Word 中，通过"_____"功能区中的"_____"组可以编辑页眉和页脚。

8. 在 Word 中，若要求 Word 能自动将误拼的单词更正，则要进行添加_____的文本操作。

9. 使用 Word 时，若错误地删除了某文本，可用快速访问工具栏中的"_____"按钮将被删除的文本恢复。

10. 在 Word 中，"开始"功能区中"剪切"命令的作用是将_____的内容移到_____上。

11. 在 Word 中，将常用的文本或图形定义为一词条名后，每次利用该词条名可达到快速简便输入的目的。这种方法是采用了_____或_____。

12. 在 Word 中，若要把原来的 Word 文档文件 a.docx 以纯文本的格式存盘，应使用"文件"选项卡中的"_____"命令。

13. 在 Word 中, 利用_____可以很直观地改变段落的缩进方式, 也可以调整页的左右_____边距。

14. 在 Word 中, 若要把文档第 3 页至第 6 页及第 10 页的内容打印出来, 其打印范围应填上_____。

15. Word 文档分_____、文本层、文本层之下的层共 3 个层次。

16. 用 Word 编辑文档时插入图像的形式有两类, 一类称为嵌入, 另一类称为_____。

17. 在 Word 中, 有时为了保持表格的完整性, 往往采用人工分页, 实现人工分页的方法是: 先将插入点移到分页处, 再单击 "布局" 功能区中的 "分隔符", 出现下拉菜单后, 选择其中的 "_____" 命令。

18. 在 Word 窗口的文本区中, 有一个闪烁的 I 光标, 称为_____。

19. 在 Word 文档窗口左边有一列空列, 称为选定栏, 作用是选定文本。其典型的操作是当鼠标指针位于选定栏时, 单击左键则选定_____, 双击左键则选定_____, 三击左键则选定_____。

20. 在 Word 中, 为了保护文档, 防止其他人对文档随意进行改动, 可以单击 Word 的 "文件" 选项卡, 再单击 "信息" 选项, 然后选择 "_____" 命令。

21. 在 Word 中浏览文稿时, 若要把插入点快速移到文章头部, 可按_____键; 若要将插入点快速移到文章尾部, 可按_____键。

22. "查找" 和 "替换" 命令是在 Word 中编辑文稿时非常有用的工具, 如果要把一篇文稿中的 Computer 替换成 "计算机", 应选择 "开始" 功能区中的 "_____" 命令, 在出现的 "查找和替换" 对话框的 "查找内容" 栏中输入_____, 在 "替换为" 框中输入 "_____", 然后单击 "全部替换" 按钮

23. 在 Word 编辑状态下, 要把两个相邻的段落文字合并为一段, 应进行的操作是删除两段间的_____标记。

24. 在 Word 中, 单击鼠标_____可以取得与当前工作相关的快捷菜单, 从而方便快速地选择命令。

## 3.3.4　判断正误题

1. 在 Word 中单击状态栏中的 "插入" 按钮, 按钮文字显示为改写, 表明当前的输入状态已设置为改写状态。　　　　　　　　　　　　　　　　　　　　　　　　　　(　　)

2. 在 Word 中, 选定一段文字之后, 在这一段文字上单击鼠标右键和单击鼠标左键的效果相同, 都能弹出一个快捷菜单。　　　　　　　　　　　　　　　　　　　(　　)

3. Word 中的 "替换" 命令与 Excel 中的 "替换" 命令功能完全相同。　　　(　　)

4. Word 中的自动更正功能仅可替换文字, 不可替换图像。　　　　　　　(　　)

5. 在 Word 中, 对已输入的文字, 利用 "字体" 对话框更改其格式时, 必须事先选定这些文字; 而对某个已输入的段落, 利用 "段落" 对话框更改其格式时, 可不必事先选定整个段落。
　　　　　　　　　　　　　　　　　　　　　　　　　　　　　　　　　　(　　)

6. 在 Word 中将某段已选定的文字设置为黑体的操作为: 选择 "开始" 功能区中的 "字体" 对话框启动器, 在弹出的对话框中设置其中的字体颜色为黑色, 单击 "确定" 按钮。　(　　)

7. Word 与 Excel 的相同之处是：窗口中都有一个编辑栏。　　　　　　　　（　　）

8. 一旦在 Word 编辑的文稿中设置了人工分页符(硬分页符)，这种硬分页符就不能再取消。
　　　　　　　　　　　　　　　　　　　　　　　　　　　　　　　　（　　）

9. 可以将一段文字放在 Word 的剪贴板上，也可以将一幅图片放在 Word 的剪贴板上，但不能同时将一段文字和一幅图片放在 Word 的剪贴板上。　　　　　　（　　）

10. 使用 Word 所制作的表格大小有限制，要求表格的大小不能超过一页。　（　　）

11. 使用 Word 编辑文本时，若要删除文本区中某段文本的内容，可先选取该文本，再按 Delete 键。　　　　　　　　　　　　　　　　　　　　　　　　　　（　　）

12. 若使用 Word 在文档中插入一个表格，可以选择"插入"选项卡中的"表格"选项，按照给定的行数和列数自动生成表格，或者使用手工绘制表格的方式插入表格。（　　）

13. 最小行距是指如果文字超出规定距离，超出部分将无法显示和打印出来。（　　）

14. 若想使某段文字的格式为居中对齐，可以先选取该段文字，然后选择"开始"选项卡中的"段落"选项，单击"居中对齐"按钮。　　　　　　　　　　　　（　　）

15. 若想在 Word 文本中，为某一段文本加批注，可以先选取该段文字，然后选择"引用"选项卡中的"题注"选项组中的命令。　　　　　　　　　　　　　　（　　）

16. 当前标题内容文档名是"文档1"时，表明这是一个尚未命名和从未保存过的文档。
　　　　　　　　　　　　　　　　　　　　　　　　　　　　　　　　（　　）

17. 若想显示或者隐藏编辑标记，可以单击"开始"选项卡，出现功能区后，单击"段落"选项组中的"显示/隐藏编辑标记"，这样就可以在显示或者隐藏编辑标记之间进行切换。（　　）

18. 单击"向下还原"按钮可使窗口还原到最大窗口状态。　　　　　　　　（　　）

### 3.3.5　简答题

1. 简述 Word 2016 界面的组成。
2. 如何设置奇偶页不同的页码？
3. 如何设置页眉和页脚？
4. 如何编辑数学公式？如何使用 Word 2016 的"墨迹公式"功能编辑数学公式？
5. 如何使用 Word 2016 内置的裁剪图片功能对图片进行常规裁剪？如何将图片裁剪为想要的形状，例如椭圆形、五边形或六边形等？
6. 编辑长文档时，如何使用 Word 2016 的"导航"窗格，从文档的某一个位置快速切换到另一个位置？
7. 如何使用 Word 2016 的表格功能，在文本中间插入一个表格？然后对表格进行修改，通过使用橡皮擦和手工绘制表格的方法，将插入的表格修改为一个不规则的表格。

## 3.4　习题参考答案

### 3.4.1　单项选择题答案

　　1. B　　　　　　2. D　　　　　　3. A　　　　　　4. A　　　　　　5. C

| | | | | |
|---|---|---|---|---|
| 6. B | 7. C | 8. C | 9. B | 10. C |
| 11. D | 12. D | 13. C | 14. A | 15. D |
| 16. B | 17. A | 18. D | 19. C | 20. B |
| 21. B | 22. C | 23. B | 24. A | 25. B |
| 26. B | 27. B | 28. A | 29. B | 30. C |
| 31. C | 32. D | 33. A | 34. D | 35. D |
| 36. C | 37. A | 38. D | 39. A | 40. D |
| 41. D | 42. B | 43. B | 44. C | 45. A |
| 46. C | 47. A | 48. C | 49. C | 50. A |
| 51. D | 52. C | 53. D | 54. B | 55. B |
| 56. C，C | 57. C | 58. D | 59. A | 60. B |
| 61. D | 62. A | 63. A | 64. C | 65. C |
| 66. A | 67. B | 68. C | 69. A | 70. B |
| 71. A | 72. D | 73. B | 74. C | 75. A |
| 76. A | 77. B，D | 78. C，A | 79. C | 80. D |

## 3.4.2　双项选择题答案

| | | | | |
|---|---|---|---|---|
| 1. AC | 2. BC | 3. AB | 4. BD | 5. AC |
| 6. AD | 7. AD | 8. AD | 9. AB | 10. AB |
| 11. BC | 12. AB | 13. BD | 14. BC | 15. AC |
| 16. BC | 17. AB | | | |

## 3.4.3　填空题答案

| | |
|---|---|
| 1. 无匹配项 | 2. 另存为 |
| 3. Enter | 4. 一个单词 |
| 5. 合并单元格 | 6. 布局 |
| 7. 视图　页眉和页脚 | 8. 自动更正 |
| 9. 撤销键入 | 10. 选定　剪贴板 |
| 11. 自动更正　自动图文集 | 12. 另存为 |
| 13. 标尺　页面 | 14. 3-6　10 |
| 15. 绘图层 | 16. 链接 |
| 17. 分页符 | 18. 插入点 |
| 19. 一行　一段　整个文档 | 20. 保护文档 |
| 21. Ctrl+Home　Ctrl+End | 22. 替换　Computer　计算机 |
| 23. 段落 | 24. 右键 |

### 3.4.4 判断正误题答案

1. √    2. ×    3. ×    4. √    5. √    6. √    7. ×    8. ×
9. ×    10. ×    11. √    12. √    13. ×    14. √    15. ×    16. ×
17. √    18. ×

### 3.4.5 简答题答案

(答案省略,请参考教材内容。)

## 3.5 上机实验练习

### 3.5.1 实验一 Word 文档的基本编辑操作

**一、实验目的**

1. 熟练掌握一种汉字输入法。
2. 熟练进行文档的创建、保存与打开。
3. 掌握文本内容的选定及编辑的操作方法。
4. 掌握文本的查找与替换的操作方法。
5. 了解文档的不同显示方式。

**二、实验内容**

1. 输入以下两个自然段的内容,并以 W1.docx 为文件名保存在当前文件夹中,然后关闭该文档。

Office 2016 是微软公司于 2015 年 9 月 22 日推出的一款办公软件。Office 2016 具有 Word、Excel、PowerPoint、OneNote、Outlook、Skype、Project、Visio 等组件和服务。无论您是用自己的电脑来完成学业还是经营家庭公司,Microsoft Office 2016 都将助您一臂之力。

Office 2016 可以节省时间、具有全新的现代外观并内置了协作工具,可帮助您更快地创建和整理文档。此外,您可以将文档保存在 OneDrive 中,并从任何地方访问这些文档。想要成为强大的 Office 用户很简单,只需在功能区上新增的 "操作说明搜索" 框中键入你需要获得帮助的问题即可获得操作方法。

操作步骤:

打开 Word 2016。在文本区中输入上述文档内容。单击 "文件" 选项卡,选择 "保存" 命令,在 "另存为" 对话框中输入文件名 W1,保存类型选择 "Word 文档(*.docx)",单击 "保存" 按钮。

2. 打开所创建的 W1.docx 文件,在文本的最前面插入一行标题 "Office 2016 简介",然后在文本的最后另起一段,输入以下内容,并保存文件。

在 Office 2016 中, "深色" 和 "深灰色" 主题提供让双眼感到更加舒适的高对比度, "彩色" 主题提供在各设备间保持一致的现代外观。可以使用 Word docs 实现更多效果,如打开并编辑 PDF,快速放入并观看联机视频而不必离开文档，以及在任意屏幕上使用阅读模式观看而不受干扰。Excel 模板将为你完成大部分设置和设计工作，让你专注于信息，只需两步即可将信息转换为图表或表格。使用 PowerPoint 中新的对齐、颜色匹配以及其他设计工具可以创建精美的演示文稿，并在 Web 上轻松共享。单击或轻扫你的笔记，可保存、搜索多媒体笔记，并将其同步到其他设备的 OneNote 应用中。

操作步骤：

打开 W1. docx 文件，在文首插入空行，输入标题"Office 2016 简介"。将光标移至文尾，输入上述内容。单击快速访问工具栏中的"保存"按钮。

3. 将"Excel 模板将为你完成……"之后的内容另起一段；将正文第 3 段中的"双眼"改为"用户的眼睛"。

操作步骤：

将光标置于"Excel 模板将为你完成……"前，按回车键。选定"双眼"，然后输入"用户的眼睛"。

4. 将最后两段正文互换位置；然后在文本的最后另起一段，复制标题以下的 4 段正文。

操作步骤：

选中第 3 段，单击"开始"功能区"剪贴板"组中的"剪切"命令，将光标移至最后另起一段，单击"粘贴"按钮，删除空行。选中标题以下的 4 段正文，单击"复制"按钮，将光标移至最后另起一段，单击"粘贴"按钮。

5. 将后 4 段文本中所有的"微软公司"替换为"Microsoft"，并利用拼写检查功能检查所输入的英文单词是否有拼写错误，如果存在拼写错误，请将其改正。

操作步骤：

选中后 4 段文本，单击"开始"功能区"编辑"组中的"替换"命令，在"查找内容"栏中输入"微软公司"，在"替换为"栏中输入"Microsoft"，单击"全部替换"按钮。选中文本，单击"审阅"功能区"校对"组中的"拼写和语法"命令，并按提示进行后续操作。

6. 以不同的视图显示方式显示文档。

操作步骤：

分别执行"视图"功能区"视图"组中的"页面视图""阅读视图""Web 版式视图""大纲视图"和"草稿视图"命令，观察其显示的形式。

7. 将文档以同名文件保存到磁盘的其他位置。

操作步骤：

单击"文件"选项卡，执行"另存为"命令，在"另存为"对话框中，保存位置自选，在文件名中输入 W1，保存类型为"Word 文档(*.docx)"，单击"保存"按钮。

## 3.5.2 实验二 Word 文档格式化的操作

### 一、实验目的

1. 掌握文档字符格式化的操作。
2. 掌握文档段落格式化的操作。
3. 掌握文档内容的分栏操作。

## 二、实验内容

打开 Word，从键盘输入下面的文字，以"W2.docx"为文件名另存到磁盘上。

1946 年 2 月 14 日，来自美国军方定制的世界上第一台电子计算机"电子数字积分计算机"在美国的宾夕法尼亚大学问世了。第一台电子计算机的名字叫作埃尼阿克，它是美国的奥伯丁一个武器试验场为了计算弹道而设计的。

第一台电子计算机出现后，美籍匈牙利数学家冯·诺依曼(Von Neuman)针对 ENIAC 在存储程序方面的弱点，提出了"存储程序控制"的通用计算机方案。该方案在两个方面进行了关键性的改进——采用二进制和存储器，根据此原理设计的第一台计算机名叫 EDVAC(Electronic Discrete Variable Automatic Computer)。

从计算机的诞生至今已有半个多世纪，但其基本体系结构和基本作用机理仍然沿用的是冯·诺依曼的最初构想，所以现代计算机也被称为冯·诺依曼型计算机。

电子计算机的研制成功是具有划时代的意义，人们的生活方式彻底发生了改变。计算机技术以惊人的速度在发展。计算机被广泛应用于各个领域，如：计算机辅助工程(CAE)、计算机辅助测试(CAT)、计算机辅助制造(CAM)、计算机辅助教学(CAI)、计算机辅助设计(CAD)。

对"W2.docx"进行下列排版操作。

1. 为 W2.docx 加上标题"第一台计算机的诞生"，将标题"第一台计算机的诞生"设置为"标题 3"样式、居中，并将标题中的"计算机的诞生"设置为红色、字符间距设置为加宽 6 磅、加上双删除线；将标题中的"第一台"设置字号为二号。

操作步骤：

选中标题文字"第一台计算机的诞生"，单击"开始"功能区"样式"组中的"标题 3"(如果没有"标题 3"选项，则单击"样式"组右下角的对话框启动器打开对话框，在打开的对话框中选择"标题 3"样式)，单击"段落"组中的"居中"按钮。

选中"计算机的诞生"文字，单击"字体"组中的"字体颜色"按钮，选择"红色"。单击"字体"组右下角的对话框启动器打开"字体"对话框，单击"高级"选项卡，在"字符间距"栏的"间距"框中选择"加宽"，磅值为 6；单击"字体"选项卡，在"效果"下面、双删除线前面的框中勾选；选中"第一台"文字，单击"字体"组中的"字号"下拉按钮，选择"二号"。

2. 将第 1 段正文设置为宋体、小四号，使该段最后一句话的格式与标题中"计算机的诞生"这几个字的格式相同，然后对该段中的"名字叫作埃尼阿克"几个字添加外侧框线。

操作步骤：

选中第 1 段，单击"开始"功能区"字体"组的"字体"下拉按钮，选择"宋体"；单击"字号"下拉按钮，选择"小四号"。

选中标题中的"计算机的诞生"，单击"剪贴板"组中的"格式刷"按钮，用鼠标拖动"格式刷"刷过第 1 段的最后一句话。

选中第一段中的"名字叫作埃尼阿克"文字，单击"开始"功能区"段落"组中的"边框"命令，出现下拉列表后，选择其中的"外侧框线"即可。

3. 将第 2 段、第 3 段正文中的中文字体设置为宋体，西文字体设置为 Arial；将第 4 段正文中的所有英文字母设置为加粗倾斜、小四号。

操作步骤：

选中第 2 段、第 3 段，单击"开始"功能区"字体"组中的"字体"下拉按钮，选择"宋体"，选择西文字体 Arial。选中第 4 段中的英文字母，单击"字体"组中的加粗和倾斜按钮，单击"字号"下拉按钮，选择字号为"小四"。

4. 将第 1 段和第 2 段复制到上面文本的最后。使正文的倒数第 2 段至倒数第 4 段与其前后的正文各空一行，并给这 3 段加上红色、五号的菱形项目符号。

操作步骤：

选中第 1 段和第 2 段，单击"开始"功能区"剪贴板"组中的"复制"，将光标定位到文本的最后，回车另起一行，单击"开始"功能区"剪贴板"组中的"粘贴"。

将光标定位于倒数第 1 段的行首，按回车键；再将光标定位于倒数第 4 段的行首，按回车键。选中倒数第 2 段至倒数第 4 段，单击"开始"功能区"段落"组中的"项目符号"下拉按钮，选中"项目符号库"中的菱形符号，再次单击"段落"组中的"项目符号"下拉按钮，选择"定义新的项目符号"命令，单击"字体"按钮，选择字号为"五号"，字体颜色为"红色"，单击"确定"按钮。

5. 将第 1 段和第 2 段正文分成 3 栏，前两栏的栏宽为 11 个字符，第 3 栏的栏宽为 15 个字符，中间加分隔线。

操作步骤：

选中第 1 段和第 2 段，单击"布局"功能区"页面设置"组中的"栏"按钮，在"分栏"下拉列表中，选择"更多栏"命令，在弹出的对话框中设置栏数为 3，取消"栏宽相同"复选框的选中状态，设置第 1 栏和第 2 栏的栏宽为 11 个字符，第 3 栏的栏宽为 15 个字符，选中"分隔线"复选框，单击"确定"按钮。

6. 使标题以下的 4 段正文首行缩进，并将第 1 段设置为 1.5 倍行距、左右各缩进 3 字符、段后间距设置为 2 行。

操作步骤：

选中第 1 段至第 4 段文字，单击"开始"功能区"段落"组中的"段落"对话框启动器，打开"缩进和间距"选项卡，设置首行缩进，单击"确定"按钮。将光标定位于第 1 段，单击"开始"功能区"段落"组中的"段落"对话框启动器，打开"缩进和间距"选项卡，将行距设置为"1.5 倍行距"，缩进设置为左"3 字符"、右"3 字符"，段后间距设置为"2 行"，单击"确定"按钮。

### 3.5.3 实验三 Word 表格操作

**一、实验目的**

1. 掌握表格的创建。
2. 掌握表格的编辑。
3. 掌握表格格式化的操作。
4. 了解表格的计算功能及由表生成图表的功能。

二、实验内容

1. 建立如图 3-1 所示的表格，并以 W3.docx 为文件名保存在当前文件夹中。

| 姓名 | 大学英语 | 高等数学 | 计算机基础 |
|---|---|---|---|
| 张三海 | 78 | 78 | 88 |
| 李四方 | 76 | 89 | 87 |
| 王五田 | 80 | 77 | 69 |

图 3-1　W3.docx 表格示意图

操作步骤：

定位光标，单击"插入"功能区"表格"组中的"表格"按钮，在下拉列表的"插入表格"区域中移动鼠标至 4 行 4 列区域大小，单击鼠标插入表格。在单元格中输入数据。单击"文件"选项卡中的"保存"命令，在"另存为"对话框中，输入文件名 W3，保存类型选择"Word 文档(*.docx)"，单击"保存"按钮。

2. 在"计算机基础"的右边插入一列，列标题为"平均分"，使用 Word 提供的公式计算各人的平均分(保留 1 位小数)；在表格的最后增加一行，行标题为"各科平均"，使用 Word 提供的公式计算各科的平均分(保留 1 位小数)。结果如图 3-2 所示。

| 姓名 | 大学英语 | 高等数学 | 计算机基础 | 平均分 |
|---|---|---|---|---|
| 张三海 | 78 | 78 | 88 | 81.3 |
| 李四方 | 76 | 89 | 87 | 84.0 |
| 王五田 | 80 | 77 | 69 | 75.3 |
| 各科平均 | 78.0 | 81.3 | 81.3 | 80.2 |

图 3-2　计算平均分后的表格示意图

操作步骤：

选中第 4 列，单击"表格工具"的"布局"选项卡，在"行和列"组中单击"在右侧插入"命令。在第 1 行第 5 列单元格中输入文字"平均分"。将光标定位于第 2 行第 5 列的单元格，单击"布局"选项卡"数据"组中的"公式"命令，在公式栏中输入"=AVERAGE (LEFT)"，在"编号格式"栏中输入 0.0，单击"确定"按钮 。用类似的方法可求其他人的平均分。

选中第 4 行，单击"表格工具"的"布局"选项卡，在"行和列"组中选择"在下方插入"命令。在第 5 行第 1 列单元格中输入文字"各科平均"。将光标定位于第 5 行第 2 列的单元格，单击"布局"选项卡"数据"组中的"公式"命令，在公式栏中输入=AVERAGE(ABOVE)，在"编号格式"栏中输入 0.0，单击"确定"按钮。用类似的方法可求其余各科的平均分。

3. 将表格第 1 行的行高设置为 1 厘米最小值，该行文字设置为粗体、小四，并水平、垂直居中；其余各行的行距设置为 16 磅最小值，文字垂直底端对齐；姓名水平居中，各科成绩及平均分靠右对齐。

操作步骤：

选定第 1 行，单击"布局"选项卡"表"组中的"属性"命令，在弹出的对话框的"行"

选项卡的"指定高度"栏中输入"20 磅",单击"确定"按钮。单击"开始"功能区"字体"组中的"加粗"按钮;单击"字号"下拉列表按钮,选择"小四"。单击"开始"选项卡"段落"组中的"居中"按钮。

用类似方法完成操作的其余部分。

4. 将表格的外框线设置为 3 磅的粗线,内框线设置为 1 磅,然后将第 2 行到最后一行设置为 60%蓝色底纹。最后将整个表格居中。

操作步骤:

选中整个表格,单击表格工具中的"设计"选项卡,单击"边框"组中的"边框"按钮,在下拉列表中选择"边框和底纹"命令,出现"边框和底纹"对话框后,在"边框"选项卡中设置外框线为 3 磅、内框线为 1 磅;在"底纹"选项卡中设置蓝色底纹,单击"确定"按钮。

选定表格,单击表格工具"布局"选项卡"表"组中的"属性"命令,在"单元格"选项卡中选择对齐方式为"居中",单击"确定"按钮,效果如图 3-3 所示。

| 姓名 | 大学英语 | 高等数学 | 计算机基础 | 平均分 |
|---|---|---|---|---|
| 张三海 | 78 | 78 | 88 | 81.3 |
| 李四方 | 76 | 89 | 87 | 84.0 |
| 王五田 | 80 | 77 | 69 | 75.3 |
| 各科平均 | 78.0 | 81.3 | 81.3 | 80.2 |

图 3-3　设置边框与底纹后的表格示意图

5. 在表格的上面插入 1 行,合并该行中间的三个单元格,然后输入标题"成绩表",字体格式为隶书、四号、居中、取消底纹。

操作步骤:

选中第 1 行,单击表格工具中的"布局"选项卡,在"行与列"组中单击"在上方插入"命令。选中第 1 行中间的三个单元格,单击"合并"组中的"合并单元格"命令,合并单元格。在单元格中输入文字"成绩表"。选定第 1 行,使用"开始"功能区的"字体"组,设置字体为"隶书",字号为"四号",单击"段落"组中的"居中"命令。

单击表格工具中的"设计"选项卡,单击"表格样式"组中的"底纹"按钮,出现下拉列表选项后,选择填充为"无颜色",单击"确定"按钮。

合并单元格之后的效果如图 3-4 所示。

| | 成绩表 | | | |
|---|---|---|---|---|
| 姓名 | 大学英语 | 高等数学 | 计算机基础 | 平均分 |
| 张三海 | 78 | 78 | 88 | 81.3 |
| 李四方 | 76 | 89 | 87 | 84.0 |
| 王五田 | 80 | 77 | 69 | 75.3 |
| 各科平均 | 78.0 | 81.3 | 81.3 | 80.2 |

图 3-4　合并单元格后的表格示意图

6. 试绘制如图 3-5 所示的课程表。

课程表

| 时间＼星期 | | 一 | 二 | 三 | 四 | 五 |
|---|---|---|---|---|---|---|
| 上午 | 1<br>2 | 高数 | 英语 | 计算机 | 高数 | 修养 |
| | 3<br>4 | 制图 | 普化 | 制图 | 英语 | 计算机 |
| 下午 | 5<br>6 | 普化实验 | 体育 | 听力 | 普化(单) | 高数 |
| | 7<br>8 | 计算机 | | | | |

图 3-5　课程表

操作步骤：略。

### 3.5.4　实验四 Word 图文混排与页面排版

#### 一、实验目的

1. 能熟练进行插入图片及设置图形格式的操作。
2. 熟练运用绘图工具。
3. 能进行艺术字、文本框的插入与编辑。
4. 掌握文档的页面排版及文档页眉页脚的设置。
5. 了解公式编辑器的使用。

#### 二、实验内容

打开保存的 W2.docx 文件，将标题及前 4 段正文复制到一个新文件中，并以 W4.docx 为文件名保存在当前文件夹中，然后进行下列操作。

1. 将标题“第一台计算机的诞生”改为艺术字，字体为隶书、字号为三号、颜色为蓝色。

操作步骤：

选中标题“第一台计算机的诞生”，单击“插入”功能区“文本”组中的“艺术字”命令，选定某个样式；然后单击“开始”功能区，在“字体”组中设置字体为“隶书”，字号为“三号”，字体颜色为“蓝色”。

2. 在第 1 段正文前插入一幅图片。要求采用嵌入方式插入，高度、宽度缩小至 30%。

操作步骤：单击“插入”功能区“插图”组中的“图片”命令按钮，搜索并选定一幅图片。右击刚刚插入的图片，在快捷菜单中选择“图片”命令，在弹出的对话框的“大小”选项卡中设置缩放高度为 30%，宽度为 30%，单击“确定”按钮。

3. 插入一个横排文本框，输入“文字处理”几个字，并设置成粗体、三号，填充色为蓝色。

操作步骤：

单击“插入”功能区“文本”组的“文本框”下拉列表中的“绘制横排文本框”命令按钮；在正文中按下鼠标左键，拖动鼠标左键画出文本框，在出现的文本框中输入“文字处理”。

选中“文字处理”，单击“开始”选项卡，选择“开始”功能区的“字体”组中的按钮，设置字体为“加粗”，设置字号为“三号”。

选定"文本框",单击文本框工具中的"格式"选项卡,在"文本框样式"组中的"形状填充"列表中,选择标准色为"蓝色"。

4. 设置页眉为"计算机的产生和发展",字体为楷体,字号为五号。并将文档的上、下边距调整为 2.4 厘米,左、右页边距调整为 3.2 厘米,再将文档另存至磁盘。

操作步骤:

单击"插入"功能区"页眉和页脚"组的"页眉"下拉列表中的"编辑页眉"命令。

在页眉位置输入"计算机的产生和发展",选定"计算机的产生和发展",使用"开始"功能区的"字体"组,将字体设置为"楷体"、字号设置为"五号"。

单击页眉和页脚"设计"选项卡的"关闭"组中的"关闭页眉和页脚"按钮。

单击"布局"功能区中的"页面设置"组中的对话框启动器,在弹出的对话框的"页边距"选项卡的上、下栏中输入"2.4 厘米",在左、右栏中输入"3.2 厘米",单击"确定"按钮,然后将文档另存至磁盘。

5. 使用公式编辑器编辑数学公式:

$$I = \int_0^1 \frac{4}{1+x^2}\,\mathrm{d}x$$

操作步骤:

单击"插入"功能区"符号"组中的"公式"按钮,选择"插入新公式"命令,显示公式工具"设计"选项卡,在公式编辑框中从左至右进行编辑。

6. 用自选图形组合一个如图 3-6 所示的图形。

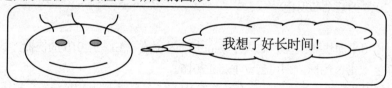

图 3-6　组合图形

操作步骤:

单击"插入"功能区"插图"组中的"形状"下拉按钮,在"基本形状"中选择"笑脸"绘图工具,按下左键,拖动鼠标至适当的大小和位置。

单击"插图"组中的"形状"下拉按钮,选择"线条"绘图工具中的"曲线"绘图工具,按下左键,拖动鼠标分别在"笑脸"上面画三条曲线。

单击"插图"组中的"形状"下拉按钮,选择"标注"绘图工具中的"思想气泡:云"绘图工具,按下左键,拖动鼠标至适当的大小和位置,然后在其中输入"我想了好长时间!"。

单击"插图"组中的"形状"下拉按钮,选择"基本形状"绘图工具中的"矩形"绘图工具,按下左键,拖动鼠标至适当的大小和位置,画出矩形。在矩形上单击右键,出现快捷菜单后,设置"矩形"的排序属性为"置于底层"。

使用 Shift 键,选中各个图形,右键单击所选中的所有图形,在快捷菜单中选择"组合"命令,将所选中的所有图形组合成一个图形,即可得到图 3-6 所示的组合图形。

# 第 4 章

# Excel 2016 表格处理软件

## 4.1 基本知识点

### 1. Excel 2016 概述

Excel 2016 是强大的电子表格制作软件，是 Microsoft Office 2016 的重要组成部分，它不仅具有强大的数据组织、计算、分析和统计功能，还可以通过图表、图形等多种形式对处理结果进行形象化地显示，更能够方便地与 Office 2016 其他组件相互调用数据，实现资源共享。

1) Excel 2016 的启动和退出

启动

方法一：使用桌面快捷图标。如果在桌面上已经生成了 Excel 2016 的快捷方式图标，则在 Windows 桌面上双击该图标，即可启动 Excel 2016。

方法二：使用"开始"菜单中的命令。单击 Windows 任务栏上的"开始"按钮，在"开始"菜单中选择"所有程序"菜单项，然后在 Microsoft Office 子菜单中，单击 Microsoft Excel 2016 菜单项。

方法三：双击 Excel 格式文件。找到 Excel 格式的文件后，双击该文件，即可自动启动 Excel 2016，并在其中打开该文件。

方法四：通过快速启动栏启动。拖动桌面上的 Excel 2016 快捷图标至快速启动栏中，以后只需单击快速启动栏中的 Excel 按钮即可启动。

退出

方法一：单击窗口右上角 Excel 2016 标题栏上的关闭按钮。

方法二：在 Excel 2016 的工作界面中按快捷键 Alt+F4。

方法三：在 Excel 2016 的工作界面中，单击主菜单项"文件"，然后在弹出的菜单中选择"关闭"命令。

2) Excel 2016 的界面

包括"文件"按钮、功能区、功能选项卡、编辑栏、工作表区、工作表标签、滚动条以及状态栏、视图方式、缩放比例等。

3) Excel 2016 的基本概念

工作簿、工作表、单元格和活动单元格等。

## 2. 工作簿和工作表的基本操作

1) 工作簿的创建、打开、保存和关闭

打开"文件"选项卡，执行"新建""打开""保存""关闭"命令。

2) 工作表的数据输入

(1) 单元格的数据输入：单击或双击单元格，在单元格或编辑栏内输入数据。

输入时，默认为"常规"格式：数字自动右对齐，数字输入超长时，以科学记数法显示。文字自动左对齐，输入数字字符时，前面加单撇号。文字输入超长时，扩展到右边的列；若右边有内容，则截断显示。

(2) 数据自动输入：自动填充、系统提供的序列数据、用户自定义的序列数据。

自动填充：输入前两个数，选中这两个单元格，指向第 2 个单元格右下角的自动填充柄，拖动填充柄。

(3) 输入有效数据的设置与检查。

3) 处理工作表

选取单元格：选取单个、多个连续、多个不连续、整行或整列、全部单元格。

数据编辑：修改、清除、删除、复制及移动。注意复制或移动的内容出现单元格相对引用时，目标单元格会自动改变单元格引用。

单元格、行和列的插入与删除：选中一行或多行，然后选择右键快捷菜单中的"插入"命令(或者切换到功能区中的"开始"选项卡，在"单元格"组中单击"插入"按钮右侧的向下箭头，在弹出的菜单中选择"插入单元格"命令)；在"单元格"组中单击"删除"按钮右侧的向下箭头，在弹出的菜单中选择"删除单元格"命令(或选择右键快捷菜单中的"删除"命令)。

4) 编辑工作表

(1) 工作表的删除、插入和重命名：删除或插入时，先选取工作表，右键单击工作表标签名，在快捷菜单中选择"删除"或"插入"命令；重命名时，可双击该工作表标签，再输入新名。

(2) 工作表的复制和移动：拖动工作表标签移动工作表；复制时，按 Ctrl 键并拖动鼠标。

(3) 工作表窗口的拆分与冻结：切换到功能区中的"视图"选项卡，单击"窗口"组中的"拆分"或"冻结窗格"命令。

## 3. 工作表格式化

1) 自定义格式化

选取需格式化的单元格或区域，通过使用"开始"选项卡中的命令按钮或"设置单元格格式"对话框来实现。

(1) "数字"选项卡：可选择常规、数值、货币、日期、时间、百分比和文本等格式。

(2) "对齐"选项卡：可设置水平对齐、垂直对齐、合并和方向等方式。

(3) "字体"选项卡：可设置字体、字号、字形、效果和颜色等。

(4) "边框"选项卡：可设置线型、位置(含斜线)和颜色等。

(5) "填充"选项卡：可设置背景色、底纹图案和图案颜色。

改变行高与列宽：使用鼠标在行、列号处拖动，或使用"开始"选项卡"单元格"组中的"格式"下拉菜单中的"行高"和"列宽"命令。

2) 复制格式

用格式刷工具拖动。

3) 自动套用格式

选取需格式化的区域，切换到功能区中的"开始"选项卡，在"样式"组中单击"套用表格格式"按钮，选择某种格式。

### 4. 公式与函数的使用

1) 输入公式

公式以"="开头，公式中可以使用操作数和运算符。操作数包括单元格、数字、字符、区域名、区域及函数，运算符包括算术运算符、字符运算符和关系运算符。

算术运算符：+、-、*、/、%、^和()，其中%表示百分比，^表示乘方。

字符运算符：&。

关系运算符：=、<、>、<=、>=和<>。

2) 公式中单元格、区域的引用

相对引用：在公式复制或移动时自行调整单元格地址，如B6、C3:E8。

绝对引用：在公式复制或移动时单元格地址不会改变，如$B$6、$C$3:$E$8。

混合引用：在一个单元格地址中，既有绝对地址引用，又有相对地址引用，如B$6, $C3:E$8。

对单元格和区域命名后也可直接引用区域名。

3) 函数

函数形式：函数名(参数列表)。

使用编辑栏中的"插入函数"按钮，选取需要的函数并输入参数。若输入求和函数，也可用"自动求和"按钮。

### 5. 数据分析与管理

1) 设置数据有效性

选定需要设置数据有效性范围的单元格，切换到功能区中的"数据"选项卡，单击"数据工具"组中的"数据验证"向下箭头按钮，在弹出的下拉菜单中选择"数据验证"命令，打开"数据验证"对话框，在其中可设置有效性相关内容。

2) 排序

(1) 简单排序：选定要排序的字段名，切换到"数据"选项卡，在"排序和筛选"组中单击"升序"或"降序"按钮。

(2) 复杂排序：单击数据区域中的任一单元格，切换到"数据"选项卡，在"排序和筛选"

组中单击"排序"按钮,打开"排序"对话框,选择排序主关键字段,还可以选择次关键字段(最多两个)。每个关键字段可以选择升序或降序。

3) 筛选数据

快速选取所需要的数据。

自动筛选:单击数据区域中的任一单元格(必须有数据),然后切换到功能区中的"数据"选项卡,在"排序和筛选"组中单击"筛选"按钮,选择所需字段,选取值或者自定义。

高级筛选:建立条件区域,选定数据区域中的任意一个单元格,然后切换到功能区中的"数据"选项卡,在"排序和筛选"组中单击"高级"按钮,出现"高级筛选"对话框,在"高级筛选"对话框中进行设置。

4) 数据分类汇总

按某关键字段对数据进行分类汇总前,必须按该关键字段排序。

选择数据区域中的任一单元格,然后切换到功能区中的"数据"选项卡,在"分级显示"组中单击"分类汇总"按钮,在弹出的"分类汇总"对话框中进行设置。

5) 使用图表分析数据

(1) 创建图表。

选中创建图表的数据源,切换到功能区中的"插入"选项卡,在"图表"组中选择要创建的图表类型,即可在工作表中创建图表。

(2) 编辑图表。

编辑图表包括调整图表的位置和大小、更改图表类型、修改图表的内容和删除图表等。针对其他内容的编辑,可以选中要修改的对象,然后进行修改。

(3) 迷你图的使用。

迷你图是工作表单元格中的一个微型图表,可以提供数据的直观表示。使用迷你图可以显示数值系列中的趋势,可以突出显示最大值和最小值等。

选择要创建迷你图的数据范围,然后切换到功能区中的"插入"选项卡,在"迷你图"组中单击一种类型即可。

(4) 数据透视表与数据透视图。

其包括创建、修改和删除等操作。

## 6. 打印工作表

这里包括选择纸张大小、页边距、页面方向、页眉和页脚、工作表的设置等。

1) 页面设置

切换到功能区中的"页面布局"选项卡,在"页面设置"组中可以设置页边距、纸张方向、纸张大小、打印区域与分隔符等。

2) 设置页眉与页脚

切换到功能区中的"插入"选项卡,在"文本"组中单击"页眉和页脚"按钮。

3) 打印预览和打印输出

单击"文件"选项卡,选择其中的"打印"命令,在"打印"面板的右侧可预览打印效果。如果对预览效果满意,单击"打印"按钮,即可开始打印。

## 4.2 重点与难点

### 1. 重点

本章的重点是 Excel 2016 的基本概念和基本操作,包括电子表格、工作簿和工作表的基本概念等;工作表的创建、数据输入、编辑和排版;工作表的插入、复制、移动、更名、保存和保护等基本操作;单元格的绝对地址和相对地址的概念;工作表中公式的输入与常用函数的使用;记录的排序、筛选、查找和分类汇总及图表的创建和编辑等。

### 2. 难点

本章的难点是单元格绝对地址和相对地址的概念;工作表中公式的输入与常用函数的使用;记录的复杂排序和高级筛选;数据透视表的使用等。

## 4.3 习　　题

### 4.3.1 单项选择题

1. Excel 是由_____公司研发的。

A. Microsoft　　　　　　B. Adobe　　　　　　C. Intel　　　　　　D. IBM

2. Excel 工作簿是计算和存储数据的_____,每一个工作簿都可以包含多张工作表,因此可以在单个文件中管理各种类型的相关信息。

A. 表达式　　　　　　B. 二维表格　　　　　　C. 文件　　　　　　D. 图形

3. Excel 工作簿存盘时的扩展名约定为____。

A. xlsx　　　　　　B. xlc　　　　　　C. xlt　　　　　　D. dbf

4. Excel 操作中,要显示帮助应按_____键。

A. F1　　　　　　B. F4　　　　　　C. F8　　　　　　D. F10

5. 有单元格 C1、C2、D1、D2、D3、E2、E3,对这些单元格求和,则公式为_____。

A. =SUM(C1:E3)　　　　　　　　　　B. =SUM(C1:D3,E2:E3)

C. =SUM(C1:C2,D1:D3,E2:E3)　　D. =SUM(C1:E3)

6. 在 A2 单元格中输入 5,在 B2 单元格中输入 10,在 C1 单元格中输入公式 "=SUM(A1,B1)",将 C1 单元格内容复制到 C2 单元格,则 C2 单元格中的值应为_____。

A. 0　　　　　　B. 5　　　　　　C. 15　　　　　　D. 10

7. 在 A1 单元格中输入 5,在 B2 单元格中输入 10,在 C2 单元格中输入公式 "=SUM(A1,B2)",将 C2 单元格公式复制到 C1 单元格,则 C1 单元格中的值应为_____。

A. 0　　　　　　B. 5　　　　　　C. 15　　　　　　D. #REF!

8. 在 D 列和 E 列之间插入一列,应先选择_____,然后再执行插入操作。

A. D 列　　　　　　B. E 列　　　　　　C. C 列　　　　　　D. F 列

9. 在 Excel 工作表中，可以输入的两种数据类型是_____。

　　A. 数字和文字　　　B. 常量和公式　　　C. 英文和中文　　　D. 正文和附注

10. 保存工作簿时出现"另存为"对话框，则说明_____。

　　A. 该文件已经保存过　　　　　　B. 该文件未保存过

　　C. 该文件不能保存　　　　　　　D. 该文件做了修改

11. 使用键盘快速存储文档，应按_____快捷键。

　　A. Alt+S　　　　　B. Alt+C　　　　　C. Ctrl+S　　　　　D. Ctrl+C

12. 使用键盘快速剪切某张表格，应按_____快捷键。

　　A. Ctrl+X　　　　B. Shift+X　　　　C. Ctrl+S　　　　D. Shift+S

13. 使用键盘粘贴某张表格，应按_____快捷键。

　　A. Alt+V　　　　　B. Ctrl+V　　　　C. Shift+V　　　　D. Space+V

14. Excel 中的宏是由一系列的_____组成的，运行宏就可以实现宏所定义的功能。

　　A. 程序　　　　　B. 函数　　　　　C. 命令和函数　　　D. 程序和函数

15. 在 Excel 操作中，如果将某些单元格选中，然后按一下 Delete 键，将删除单元格中的_____。

　　A. 全部内容(包括格式和附注)　　　　B. 附注

　　C. 数据和公式，只保留格式　　　　　D. 输入内容(数值或公式)，保留格式和附注

16. 字形大小一般以点数来计量，字形的点数越小，表示字形越_____。

　　A. 大　　　　　B. 小　　　　　C. 粗　　　　　D. 细

17. 正文色彩，是指单元格内部文字的_____。

　　A. 文字色　　　　B. 底色　　　　C. 边框色　　　　D. 前景色

18. 当工作表属于保护状态时，其内部每个单元格都会被锁住，即每个单元格只能_____。

　　A. 查看　　　　　B. 修改　　　　　C. 变大小

19. Excel 函数中，各参数间的分隔符一般用_____。

　　A. 逗号　　　　　B. 空格　　　　　C. 冒号　　　　　D. 分号

20. 若在单元格中出现一连串的#####符号，则_____。

　　A. 需重新输入数据　　　　　　　B. 需调整单元格的宽度

　　C. 需删去单元格　　　　　　　　D. 需删去这些符号

21. 当单元格太小而导致单元格内数据无法完全显示时，系统将以_____显示。

　　A. #　　　　　B. *　　　　　C. .　　　　　D. ?

22. 在工作表标识符上双击，可对工作表名称进行_____操作。

　　A. 计算　　　　　B. 变大小　　　　C. 隐藏　　　　　D. 重命名

23. 绝对地址在被复制到其他单元格时，其单元格地址_____。

　　A. 不变　　　　　B. 发生改变　　　　C. 部分改变　　　D. 不能复制

24. 如果要使用函数库中的函数，可以打开"_____"选项卡，在该选项卡功能区中的"函数库"组中选择合适的函数。

　　A. 开始　　　　　B. 公式　　　　　C. 数据　　　　　D. 插入

25. 在输入一个公式时，必须先输入_____符号。

    A. =                B. ( )               C. ?                D. @

26. 行号或列号设为绝对地址时，必须在其左边附加_____字符。

    A. !                B. #               C. $               D. =

27. 在 Excel 中，某公式中引用了一组单元格，它们是(C3，D7，A2，F1)，该公式引用的单元格总数为_____。

    A. 4                B. 8               C. 12              D. 16

28. 当在某单元格内输入公式并确认后，单元格内容显示为#REF!，它表示_____。

    A. 公式被 0 除                     B. 公式引用了无效单元格

    C. 单元格太小                       D. 某个参数不正确

29. 假设在 B1 单元格中存储的是公式 A$5，将其复制到 D1 后，公式变为_____。

    A. A$5             B. D$5            C. D$1            D. C$5

30. SUM(A1:A4)相当于_____。

    A. SUM(A1*A4)                   B. SUM(A1/A4)

    C. SUM(A1+A4)                   D. SUM(A1+A2+A3+A4)

31. SUM(8，5，7，9)的值为_____。

    A. 29               B. 25               C. 9               D. 3

32. 假设 A1、B1、C1、D1 分别为 2、3、7、3，则 SUM(A1:C1)/D1 为_____。

    A. 4                B. 3               C. 15              D. 18

33. 如果将 Excel 工作簿设置为只读，对工作簿的更改_____在同一工作簿文件中。

    A. 仍能保存     B. 不能保存     C. 部分保存     D. 以上都不对

34. 拖动窗口与边框角落可以改变窗口的_____。

    A. 大小               B. 颜色               C. 字体               D. 粗细

35. 利用"开始"功能区中"单元格"组中的"删除"命令，可_____。

    A. 删除单元格                     B. 只是删去单元格中的数据

    C. 只是删除单元格中数据的公式     D. 只是删除单元格的批注

36. 当输入的数字被系统辨识为正确时，通常会采用_____对齐方式。

    A. 靠左               B. 靠右               C. 居中               D. 不动

37. 利用鼠标拖放复制数据，在拖放时应按下_____键。

    A. Ctrl             B. Shift             C. Alt              D. Enter

38. 在 Excel 中，工作表标签栏上有 4 个小按钮。当有很多张工作表时，若要将最后一张工作表标签显示出来以便选定，可以单击_____按钮。

    A. ◀             B. ▶             C. ◀              D. ▶

39. 区分不同工作表的单元格，要在地址前面_____。

    A. 增加单元格地址                   B. 增加工作表名称

    C. 增加 sheet@                     D. 增加工作簿名称

40. 假设 A2 为文字 10，A3 为数字 3，则 COUNT(A2:A3)= _____。

    A. 3        B. 10        C. 13        D. 1

41. 在 Excel 中，如果某一单元格中输入了错误的参数或操作数的类型，则该单元格会显示错误信息_____。

    A. #REF!        B. #VALUE!        C. #NAME?        D. #NULL?

42. 在 Excel 工作表中，先用鼠标选中 C3 单元格；然后按住 Shift 键，选定 H8 单元格；最后在仍按住 Shift 键的情况下，选中 F6 单元格。则此时选中的是该表中以 C3 为左上角、以_____为右下角的区域。

    A. C3        B. H8        C. F6        D. A1

43. 在 Excel 的工作表中，每个单元格都有其固定的地址，如 A5 表示：_____。

    A. A 代表 A 列，5 代表第 5 行

    B. A 代表 A 行，5 代表第 5 列

    C. A5 代表单元格的数据

    D. 以上都不是

44. 关于数据透视表有如下几种说法，唯一正确的说法是_____。

    A. 数据透视表与图表类似，它会随数据列表中数据的变化而自动更新

    B. 数据透视表的实质是根据用户的需要将源数据列表重新取舍组合

    C. 数据透视表中，数据区中的字段总是以求和的方式计算

    D. 要修改数据透视表页面布局，应选定该数据透视表，然后选择"页面布局"选项卡中的"页面设置"命令进行设置

45. 如果在工作簿中既有工作表又有图表，当选择"文件"菜单中的"保存"命令后，Excel 将_____。

    A. 只保存其中的工作表

    B. 只保存其中的图表

    C. 把工作表和图表保存到一个文件中

    D. 把工作表和图表分别保存到两个文件中

46. 设区域 A1: A8 各单元格中的数值均为 1，A9 为空白单元格，A10 单元格中为一字符串，则函数=AVERAGE(A1: A10)的结果与公式_____的结果相同。

    A. =SUM(A1: A10)        B. =MAX(A1: A10)

    C. =COUNT(A1: A10)        D. =COUNTA(A1: A10)

47. 设 A1:A3 数据分别为数值 1、2、3，B1:B4 数据分别为数值 4、5、6、7，若在 A4 中输入一字符串，则以下函数_____的结果将会变化。

    A. =SUM(A1: B4)        B. =MAX(A1: B4)

    C. =MIN(A1: B4)        D. =COUNTA(A1:B4)

48. 当仅需要将当前单元格中的公式复制到另一单元格中，而不需要复制格式时，可在复制完后再执行"开始"功能区中"剪贴板"选项卡中的"_____"命令。

    A. 复制        B. 剪切        C. 粘贴        D. 选择性粘贴

49. 设 E4 为当前单元格,分别执行插入一列和插入一行操作后,则_____。

    A. 引用 E4 单元格的公式发生变化,不引用 E4 的公式不变

    B. 绝对引用 E4 单元格的公式发生变化,相对引用 E4 的公式不变

    C. 区域 A1:D3 中的公式不变,其余单元格中的公式发生变化

    D. 引用 A1:D3 中单元格的公式不变,其余单元格中的公式发生变化

50. 在区域 B1:J1 区域分别输入数值 1~9,在区域 A2:A10 中分别输入数值 1~9,在 B2 中输入公式_____,然后将该公式复制到整个 B2:J10 区域,即可形成一个九九乘法表。

    A. =$A2*B$1      B. =$B1*A$2      C. =B$1*$A2      D. =B$1*A$2

## 4.3.2 双项选择题

1. 下列各项中,_____不是 Excel 工作界面功能区中的选项卡的名称。

    A. 文件            B. 插入            C. 单元格            D. 表格

2. 若要改变行高,可_____。

    A. 使用"开始"功能区中"单元格"组中"格式"按钮中的"行高"命令

    B. 使用鼠标操作调整行高

    C. 使用"视图"功能区中的"显示"组中的命令

    D. 使用"页面布局"功能区中的"排列"组中的命令

3. Excel 中的数据对齐方式主要有_____。

    A. 水平对齐        B. 垂直对齐       C. 任意角度对齐   D. 合并单元格

4. 下面不属于编辑电子表格的命令有_____。

    A. 删除            B. 修改            C. 放映            D. 增加

5. 在 Excel 单元格中输入英文的单引号"'"之后,再输入 20210101,那么该单元格中存放的不是_____型数据。

    A. 字符            B. 数值            C. 日期

6. 在 Excel 中,以下能够改变单元格格式的操作的说法正确的有_____。

    A. 执行"开始"功能区中"单元格"组中"格式"按钮中的相关命令

    B. 执行"插入"菜单中的"单元格"组中的命令

    C. 按鼠标右键,选择快捷菜单中的"设置单元格格式"选项

    D. 不能用工具栏中的"格式刷"按钮

7. Excel 的工作界面包括_____。

    A. 标题栏、功能选项卡            B. 阅读区、计算结果显示区

    C. 工作标签、状态栏              D. 演示区

8. 在 Excel 中,复制单元格格式可采用_____。

    A. 链接                       B. 复制+粘贴

    C. 复制+选择性粘贴             D. 复制+填充

9. 下列 Excel 公式输入的格式中，_____是正确的。

    A. =Sum("18","25",7)　　　　　　B. =Sum(25,…,12)

    C. =Sum(E1:E6)　　　　　　　　 D. =Sum(51;29;17)

10. 在 Excel 中提供了数据合并功能，可以将多张工作表的数据合并计算存放到另一张工作表中。支持合并计算的函数有_____。

    A. AVERAGE　　　　B. COUNTIF　　　C. MAX　　　　　D. YEAR

## 4.3.3　判断正误题

1. 在 Excel 中，单元格里的格式无法改变。　　　　　　　　　　　　（　　）

2. 在 Excel 中，链接和嵌入的主要不同就是数据存储的地方不同。　　（　　）

3. 当前工作表是指被选中激活的工作表。　　　　　　　　　　　　　（　　）

4. 对 Excel 工作表的数据进行排序操作时，只能进行升序操作。　　　（　　）

5. Excel 工作表单元格中的数据默认的对齐方式是文字靠左对齐，数字靠右对齐。（　　）

6. Excel 工作簿是工作表的集合，一个工作簿文件中的工作表的数量最多为 10 个。（　　）

7. 在 Excel 中，若要将当前编辑的文件保存到磁盘的其他位置，应该单击"文件"选项卡，选择菜单中的"另存为"命令。　　　　　　　　　　　　　　　　（　　）

8. 在 Excel 中，若要去掉某单元格的批注而保留其他内容，可以用"开始"选项卡中的"单元格"组中的"删除"命令。　　　　　　　　　　　　　　　　　（　　）

9. 在 Excel 中，以分数形式输入 1/3 的方法是在单元格中直接键入 1/3。　（　　）

10. 在 Excel 中，可以使用格式刷复制某个单元格的格式。当选定工作表的某个单元格并单击格式刷后，可以连续在多处复制该单元格的格式，而不用每次复制前都单击格式刷。（　　）

11. 在 Excel 中，图表一旦建立，其标题的字体、字形是不可改变的。　（　　）

12. Excel 是一种表格式数据综合管理与分析系统，并实现了图、文、表的完美结合。

　　　　　　　　　　　　　　　　　　　　　　　　　　　　　　　（　　）

## 4.3.4　填空题

1. 在 Excel 函数中各参数间的分隔符号一般用_____。

2. 在 Excel 中可以将数据以图形方式显示在图表中，图表与生成它们的工作表数据相连接，当修改工作表数据时，图表将_____。

3. 在 Excel 中单元格和区域可以引用，引用的作用在于_____工作表上的单元格或单元格区域，并指明公式中使用的数据位置。

4. 字形的大小一般以点数来计量，字形的点数越多，表示字形就越_____。

5. 输入公式时，一般先输入一个_____。

6. 当某单元格被锁定时，表示该单元格数据只能_____不能_____。

7. 采用筛选功能后被筛选出来的记录所属行号会以_____色显示。

8. 要使公式中的单元格地址不随公式的所在位置而改变，必须使用"绝对引用"。绝对引用的表示方法是在列标和行标之前都加上符号_____。

9. MAX 函数用来计算参数列表中的_____。

10. COUNT 函数用来统计参数列表中的数值_____。

11. 若要对 Excel 工作簿的某个工作表进行操作，需选定工作表，选定工作表的方法是用鼠标左键单击_____。

12. 在 Excel 的单元格中输入数据，若输入的是数字形式的字符，输入时应在数字形式的字符(例如 2753)的前面加上____。

13. Excel 可以利用数据列表实现数据库管理功能。在数据列表中，每一列称为一个_____，其中存放的是相同类型的数据；数据列表的第一行为_____，以后表中的每一行称为一条_____，其中存放的是一组相关的数据。

14. 假设单元格 A1 到 A5 中分别存储的是 1，3，9，10，20，则 MIN(A2:A5)的值为____。

15. 在 Excel 中，一个工作簿可由多个_____构成。用户根据需要，可以重新排列工作表的顺序，可以在工作簿中添加新的工作表或者_____原有的工作表。

16. 在 Excel 中，设 A1 到 A4 单元格中分别存放的 4 个数值为 82、71、53、60，A5 单元格使用公式=If(AVERRAGE(A$1:A$4)>=60，"及格"，"不及格")，则 A5 显示的值是_____，若将 A5 单元格的内容全部复制到 B5 单元格，则 B5 单元格的内容为_____。

17. 在 Excel 中输入数据时，如果输入的数据具有内在规律，则可以利用它的____功能。

18. 在 Excel 中，若只需打印工作表的一部分数据，应先选定_____的数据区域。

19. Excel 工作表中每个单元格的网格线是辅助线，要使 Excel 的工作表在打印中显示出网格线，需要在对工作表进行页面设置时选中____。

20. 假设 A2 单元格的内容为文字 300，A3 单元格的内容为数字 5，则 COUNT(A2:A3)的值为____。

21. 在 Excel 中以分数形式输入 1/3(不采用公式)的方法是：先输入 0 和一个____，然后再输入 1/3。

22. 在 Excel 中，选择某一单元格，输入"=SUM(C3:C9)"。它的含义是将____填入该单元格。

23. 在 Excel 中，输入等差数列，可以先输入第一个、第二个数列，接着选定这两个单元格，再将鼠标指针移到_____上按一定方向进行拖动即可。

24. 在 Excel 中，假定存在一个数据库工作表，内含姓名、专业、奖学金、成绩等项，现要求对相同专业的学生按奖学金从高到低进行排列，则要进行多个关键字段的排列，并且主关键字段是_____。

25. Excel 中将排序、筛选和分类汇总这 3 项操作综合起来的一项功能操作是____。

26. Excel 可进行非当前工作表单元格的引用，如在当前工作表选定的单元格中输入 Sheet4!B6，则是引用_____。

27. 在 Excel 工作表中，可以创建统计图表，统计图表可以有____图表和____图表。

28. 在 Excel 工作表中，可以输入的数据类型有两种，即____和____。

29. 可以在 Excel 的快速访问工具栏中_____工具按钮，方法是打开自定义快速访问工具栏的下拉菜单，单击菜单中的相应选项即可。

30. 在 Excel 中，可以单击"____"按钮，选择其中的"打印"命令。在打印工作表之前，可以先模拟显示一下实际打印效果，这种模拟显示称为_____。

### 4.3.5　简答题

1. Excel 的主要功能包括哪些?
2. 在 Excel 中,当前工作表是 Sheet1,怎样使用工作表 Sheet2 中 B3 单元格中的数?
3. 在 Excel 中,填充柄的作用是什么?
4. 在 Excel 中怎样使用格式刷?
5. 什么是数据列表?数据列表必须满足哪些条件?
6. 举例说明条件格式的运用。
7. 在 Excel 中,如何拆分和冻结工作表窗口?
8. 在 Excel 中,如何从某一列数据中筛选出符合条件的数据?
9. 如何隐藏工作簿、工作表以及单元格的公式?
10. 在 Excel 操作中可能会出现错误信息,常见的错误信息有哪些?

## 4.4　习题参考答案

### 4.4.1　单项选择题答案

| | | | | |
|---|---|---|---|---|
| 1. A | 2. C | 3. A | 4. A | 5. C |
| 6. C | 7. D | 8. B | 9. B | 10. B |
| 11. C | 12. A | 13. B | 14. C | 15. D |
| 16. B | 17. A | 18. A | 19. A | 20. B |
| 21. A | 22. D | 23. A | 24. B | 25. A |
| 26. C | 27. A | 28. B | 29. D | 30. D |
| 31. A | 32. A | 33. B | 34. A | 35. A |
| 36. B | 37. A | 38. B | 39. B | 40. D |
| 41. B | 42. C | 43. A | 44. B | 45. C |
| 46. B | 47. D | 48. D | 49. D | 50. A |

### 4.4.2　双项选择题答案

| | | | | |
|---|---|---|---|---|
| 1. CD | 2. AB | 3. AB | 4. CD | 5. BC |
| 6. AC | 7. AC | 8. BC | 9. AC | 10. AC |

### 4.4.3　判断正误题答案

| | | | | |
|---|---|---|---|---|
| 1. × | 2. √ | 3. √ | 4. × | 5. √ |
| 6. × | 7. √ | 8. × | 9. × | 10. × |
| 11. × | 12. √ | | | |

### 4.4.4　填空题答案

1. ,(逗号)　　　　　　　　　　　　2. 自动更新

3. 标识
4. 大

5. =(等于号)
6. 查看　修改

7. 蓝
8. $

9. 最大值
10. 个数

11. 工作表标签
12. '(单引号)

13. 字段　　字段名　　　记录

14. 3
15. 工作表　　删除

16. 及格　　　IF(AVERAGE(B$1:B$4)>=60，"及格"，"不及格")

17. 自动填充
18. 打印部分

19. 网格线
20. 1

21. 空格
22. C3 至 C9 单元格中数字之和

23. 填充柄
24. 专业

25. 数据透视表
26. Sheet4 工作表中 B6 单元格

27. 嵌入式　独立式
28. 常量　　公式

29. 添加或删除
30. 文件　　打印预览

### 4.4.5　简答题答案

(答案省略，请参考教材内容。)

## 4.5　上机实验练习

### 4.5.1　实验一　Excel 2016 的基本操作

**一、实验目的**

1. 熟悉 Excel 2016 的工作界面。
2. 掌握 Excel 2016 文档的创建、保存和打开操作。
3. 熟练进行 Excel 2016 工作表数据的输入、编辑及表格区域的选定操作。
4. 掌握 Excel 2016 工作表的查找与替换。
5. 掌握工作簿和工作表的管理。

**二、实验内容**

1. 启动 Excel 2016，进入 Excel 程序的默认工作环境。熟悉构成工作界面的标题栏、功能选项卡、快速访问工具栏、状态栏、功能区、"文件"按钮、编辑栏、滚动条、工作表标签、活动单元格、行号、列号、工作表编辑区、视图方式、缩放比例等。

Excel 2016 的工作界面如图 4-1 所示。

操作步骤：

单击"开始"选项卡，在其功能区中选择相应的按钮，执行 Microsoft Office Excel 2016 命令。

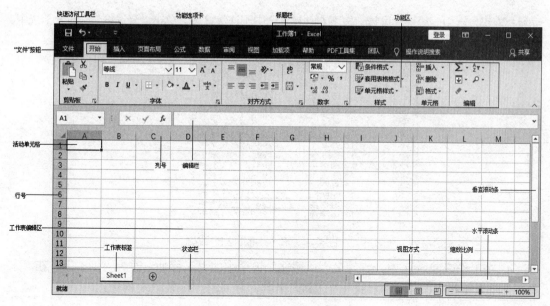

图 4-1　Excel 2016 的工作界面

2. 在工作表 Sheet1 中输入如图 4-2 所示的数据。在工作表 Sheet2 中输入如图 4-3 所示的数据。

操作步骤：

在工作表 Sheet1 和工作表 Sheet2 中，分别输入图 4-2 和图 4-3 所示的数据(注：编号采用序列填充，银行账号是"数字字符"，把工作表 Sheet1 中的姓名复制到工作表 Sheet2 中)。

| | 编号 | 姓名 | 职称 | 工作时间 | 银行账号 | 基本工资 | 奖金 | 补贴 | |
|---|---|---|---|---|---|---|---|---|---|
| 1 | 编号 | 姓名 | 职称 | 工作时间 | 银行账号 | 基本工资 | 奖金 | 补贴 | |
| 2 | 1 | 金成安 | 工程师 | 1992/8/2 | 2004235 | 3150 | 230 | 100 | |
| 3 | 2 | 王晶晶 | 工程师 | 1993/7/3 | 2006109 | 2850 | 230 | 100 | |
| 4 | 3 | 刘希表 | 高工 | 1987/8/9 | 2004121 | 4000 | 450 | 200 | |
| 5 | 4 | 李若山 | 临时工 | 2002/5/6 | 2006182 | 2000 | 200 | 0 | |
| 6 | 5 | 陈立新 | 高工 | 1985/7/7 | 2004199 | 5000 | 450 | 300 | |
| 7 | 6 | 赵永远 | 工程师 | 1990/6/30 | 2006112 | 3150 | 250 | 150 | |
| 8 | 7 | 林芳萍 | 高工 | 1986/7/23 | 2004195 | 4500 | 450 | 200 | |
| 9 | 8 | 吴道临 | 工程师 | 1992/7/21 | 2005023 | 3150 | 250 | 100 | |
| 10 | 9 | 杨高盛 | 临时工 | 2003/3/12 | 2006045 | 2300 | 200 | 0 | |
| 11 | 10 | 郑文杰 | 高工 | 1983/7/18 | 2004193 | 5000 | 450 | 200 | |
| 12 | 11 | 徐收获 | 临时工 | 2003/6/19 | 2006083 | 2400 | 200 | 0 | |
| 13 | 12 | 何建华 | 技术员 | 2003/3/12 | 2005453 | 2550 | 230 | 80 | |
| 14 | 13 | 宋俊平 | 工程师 | 1991/11/4 | 2006459 | 3300 | 250 | 100 | |
| 15 | 14 | 韩明静 | 高工 | 1980/6/27 | 2004160 | 5000 | 450 | 300 | |
| 16 | 15 | 张明明 | 高工 | 1987/11/29 | 2004191 | 4500 | 450 | 300 | |
| 17 | 16 | 郭丽丽 | 工程师 | 1991/7/15 | 2006003 | 3150 | 230 | 150 | |
| 18 | 17 | 伍丰富 | 高工 | 1979/6/28 | 2004236 | 5000 | 450 | 200 | |
| 19 | 18 | 方小雨 | 技术员 | 2003/7/9 | 2006066 | 2550 | 230 | 80 | |
| 20 | 19 | 戴冰 | 工程师 | 1995/8/18 | 2001103 | 3150 | 240 | 150 | |
| 21 | 20 | 夏勇 | 临时工 | 2004/5/5 | 2006466 | 2300 | 200 | 0 | |

图 4-2　输入 Sheet1 的数据

3. 选定区域：选定任意一个单元格、一行或多行、一列或多列、连续或不连续区域及全选。

操作步骤：

单击单元格，即选中此单元格。单击行号或列号，选中一行或一列。按下 Shift 键的同时拖动鼠标左键，选中一块连续区域。按下 Ctrl 键，选中不连续区域。单击"全选框"，即全部选中。

| | A | B | C | D | E |
|---|---|---|---|---|---|
| 1 | 编号 | 姓名 | 出生年月 | 学历 | |
| 2 | 1 | 金成安 | 1969/8/2 | 本科 | |
| 3 | 2 | 王晶晶 | 1968/7/3 | 研究生 | |
| 4 | 3 | 刘希表 | 1965/8/9 | 本科 | |
| 5 | 4 | 李若山 | 1978/5/6 | 高中 | |
| 6 | 5 | 陈立新 | 1962/7/7 | 本科 | |
| 7 | 6 | 赵永远 | 1970/6/30 | 本科 | |
| 8 | 7 | 林芳萍 | 1966/7/23 | 研究生 | |
| 9 | 8 | 吴道临 | 1970/7/21 | 本科 | |
| 10 | 9 | 杨高盛 | 1983/3/12 | 高中 | |
| 11 | 10 | 郑文杰 | 1963/7/18 | 本科 | |
| 12 | 11 | 徐收获 | 1980/6/19 | 高中 | |
| 13 | 12 | 何建华 | 1981/3/12 | 专科 | |
| 14 | 13 | 宋俊平 | 1970/11/4 | 专科 | |
| 15 | 14 | 韩明静 | 1959/6/27 | 专科 | |
| 16 | 15 | 张明明 | 1966/11/29 | 本科 | |
| 17 | 16 | 郭丽丽 | 1969/7/15 | 专科 | |
| 18 | 17 | 伍丰富 | 1958/6/28 | 研究生 | |

图 4-3    输入 Sheet2 的数据

4. 在工作表 Sheet1 中，将姓名为"戴冰"记录中的"工程师"改为"高工"。在"宋俊平"记录下插入图 4-4 所示的一行记录，并将"林芳萍"这条记录删除。

| 编号 | 姓名 | 职称 | 工作时间 | 银行账号 | 基本工资 | 奖金 | 补贴 |
|---|---|---|---|---|---|---|---|
| 14 | 周晓 | 工程师 | 1992/11/23 | 2005868 | 4000 | 250 | 150 |

图 4-4    插入一行记录

操作步骤：

双击 C20 单元格，将"工程师"改为"高工"。选中"韩明静"记录，执行"开始"功能区中"插入"按钮组中的"插入工作表行"命令，输入插入记录的内容。选中第 8 行，右键单击，在出现的快捷菜单中单击"删除"命令。

5. 将工作表 Sheet2 中编号为 10 的记录移至最后。将编号为 17 的记录复制为第一个记录。

操作步骤：

在工作表 Sheet2 选中第 11 行，单击"开始"功能区中"剪贴板"组中的"剪切"按钮，选中 A22，单击"粘贴"按钮。选中 A2 所在的行，右键单击，选择快捷菜单中的"插入"命令，插入一空行；选中第 18 行，单击"开始"功能区中"剪贴板"组中的"复制"按钮，单击 A2，单击"粘贴"按钮。

6. 在 Sheet1 中，在每条记录的最后增加一项"午餐费"，各记录中的数值都为 60。

操作步骤：

选中工作表 Sheet1，在 I1 单元格中输入"午餐费"，在 I2 单元格中输入 60，将鼠标指向 I2 单元格右下角成为"+"字形后向下拖放直至 I21 单元格。

7. 保存文档：D:\temp\职工档案 1.xlsx。

操作步骤：

单击"文件"菜单，执行"另存为"命令，在 D 盘新建文件夹 temp，在文件名处输入"职工档案 1"，单击"保存"按钮。

8. 将工作表 Sheet1 中的"临时工"改为"合同工"。

操作步骤:

选中区域 C2:C21,单击"开始"功能区中"编辑"组中的"查找和选择"按钮中的"替换"命令,在查找内容栏中输入"临时工",在替换值栏中输入"合同工",单击"全部替换"按钮。

9. 将工作表 Sheet1 改名为"工资表"。将工作表 Sheet2 改名为"情况表"。将"工资表"移到"情况表"之后。删除空白工作表 Sheet3。文档另存为 D:\temp\职工档案 2.xlsx。

操作步骤:

双击 Sheet1 标签,输入"工资表"。

双击 Sheet2 标签,输入"情况表"。

选中"工资表",按下鼠标左键拖动至"情况表"后。

选中工作表 Sheet3,在工作表标签名上右键单击,选择快捷菜单中的"删除"命令。执行"文件"菜单的"另存为"命令,在保存位置处打开 D:\temp 文件夹,在文件名处输入"职工档案 2",单击"保存"按钮。

## 4.5.2　实验二　Excel 2016 工作表格式的设置

### 一、实验目的

1. 能熟练进行 Excel 2016 工作表中字体、字形、字号和颜色的设置,条件格式的设置,边框和图案的设置,行高、列宽及单元格批注的设置。

2. 掌握对工作表和工作簿的保护操作。

### 二、实验内容

1. 打开"职工档案 2.xlsx",选定"情况表",在第一行插入标题:职工情况一览表。将标题设置为黑体、24 号字,A1 至 D1 合并及居中。将"姓名"一列设置为隶书、16 号字,居中。

操作步骤:

打开"职工档案 2.xlsx"工作簿。选中"情况表",选中第 1 行,右键单击,选择快捷菜单中的"插入"命令,在 A1 中输入"职工情况一览表",选中区域 A1:D1,右键单击,选择快捷菜单中的"设置单元格格式"命令,在弹出的对话框中单击"字体"选项卡,设置"字体"为"黑体",字号为 24,单击"对齐"选项卡,选中"合并单元格"复选框,再设置水平对齐和垂直对齐方式为居中。选中区域 B2:B23,用同样的方法设置字体、字号和居中。

2. 将"情况表"设置为自动套用格式"表样式浅色 1"。

操作步骤:

选取需格式化的区域,切换到功能区中的"开始"选项卡,在"样式"组中单击"套用表格格式"按钮,选择"表样式浅色 1"。

3. 在"工资表"中,设置日期为"yyyy 年 mm 月"格式。将所有的数值格式设置为货币型、千分位并保留两位小数。

操作步骤：

在"工资表"中选中 D2 至 D21 单元格，右键单击，选择快捷菜单中的"设置单元格格式"命令，在弹出的对话框中单击"数字"选项卡，在分类中选择"日期"，在类型中选择"yyyy年 mm 月"格式，单击"确定"按钮。选中 F2:I21，单击"数字"组中的货币样式、千位分隔样式及增加小数位数的按钮。

4. 用"格式刷"将"工资表"中的"姓名"格式设置为与"情况表"中的"姓名"格式相同。

操作步骤：

在"情况表"中选中 B2，双击"剪贴板"组中的"格式刷"按钮，选中"工资表"，拖动鼠标从 B2 至 B21。

5. "工资表"中的数值全部水平垂直居中。利用"条件格式"，将基本工资小于 3000 元的数据，用粗体及双下画线显示。

操作步骤：

在"工资表"中选中 F2:I21，右键单击，选择快捷菜单中的"设置单元格格式"命令，在弹出的对话框中单击"对齐"选项卡，设置水平和垂直对齐皆为居中。选中数据区域 F2:F21，单击"样式"组中"条件格式"按钮组中的"突出显示单元格规则"，再选择"小于"，在弹出的对话框中输入 3000，单击"设置为"下拉列表中的"自定义格式"，在弹出的对话框的"字体"选项卡中选择"粗体、双下画线"，单击"确定"按钮。

6. 将"工资表"中职称是"高工"的记录加上绿色底纹。

操作步骤：

按下 Ctrl 键，逐行选中含有"高工"的记录，右键单击，选择快捷菜单中的"设置单元格格式"命令，在弹出的对话框中单击"填充"选项卡，选中颜色为"绿色"，单击"确定"按钮。

7. 将"工资表"中的标题行高设置为 30，"姓名"列宽设置为 10。

操作步骤：

选中第 1 行，单击"单元格"组中的"格式"按钮组中的"行高"，在弹出的对话框中输入行高为 30，单击"确定"按钮。选中"姓名"列区域，单击"单元格"组中的"格式"按钮组中的"列宽"，在弹出的对话框中将列宽设置为 10，单击"确定"按钮。

8. 设置保护"工资表"。

操作步骤：

右键单击，选择快捷菜单中的"设置单元格格式"命令，在弹出的对话框中单击"保护"选项卡，选中"锁定"，单击"确定"按钮；在"审阅"选项卡的"更改"组中，单击"保护工作表"按钮，在弹出的对话框中输入密码，单击"确定"按钮。

9. 取消"工资表"的保护。

操作步骤：

在"审阅"选项卡的"更改"组中，单击"撤销保护工作表"，在弹出的对话框中输入密码，单击"确定"按钮。

### 4.5.3 实验三 Excel 2016 公式及常用函数的使用

#### 一、实验目的

1. 理解公式的构成。

2. 掌握 Excel 2016 公式的使用。

3. 了解 Excel 2016 常用函数(SUM、AVERAGE、COUNT、MAX、MIN、IF、COUNTIF、YEAR)参数及返回值的类型及含义。

4. 掌握 Excel 2016 常用函数的使用。

#### 二、实验内容

1. 选定"工资表",将每个职工的基本工资都增加 10%。

操作步骤:

单击单元格 J2,输入公式(=F2*1.1),确定之后将 J2 单元格填充柄向下拖放至单元格 J21。选中区域 J2:J21,单击"开始"选项卡"剪贴板"组中的"复制"按钮,单击单元格 F2,单击"剪贴板"组的"粘贴"按钮组中的"选择性粘贴"命令,在弹出的对话框中选中粘贴项为"数值",单击"确定"按钮。

2. 统计每个职工的工资总额(工资总额=基本工资+奖金+补贴+午餐费)。

操作步骤:

单击单元格 J2,输入公式(=F2+G2+H2+I2),确定之后将 J2 单元格填充柄向下拖放至单元格 J21。

3. 统计每个职工的加权工资(加权工资=基本工资*1.1+奖金*0.9+补贴*1.2)。

操作步骤:

单击单元格 K2,输入公式(=F2*1.1+G2*0.9+H2*1.2),确定之后将 K2 单元格填充柄向下拖放至单元格 K21。

4. 统计每个职工实际收入的金额(实际收入=工资总额−基本工资的 10%)。

操作步骤:

单击单元格 L2,输入公式(=J2−F2*0.1),确定之后将 L2 单元格填充柄向下拖放至单元格 L21。

5. 使用函数统计全部职工的基本工资、奖金和补贴的合计及平均数。

操作步骤:

选中单元格 F22,输入公式=SUM(F2:F21),确定之后将 F22 单元格填充柄向右拖放至单元格 H22。选中单元格 F23,单击编辑栏中的"插入函数"按钮,选择函数名 AVERAGE,在弹出的对话框中单击"确定"按钮,选定数据区域 F2:F21,确定之后将 F23 单元格填充柄向右拖放至单元格 H23。

6. 统计出如图 4-5 所示的数据。

操作步骤:

单击单元格 C26,输入公式=SUM(F4,F6,F10,F15,F16,F18,F20),单击"确定"按钮。用同样的方法求出其他的数值。

| | A | B | C | D | E | F |
|---|---|---|---|---|---|---|
| 24 | | | | | | |
| 25 | 金额\职称 | | 高工 | 工程师 | 技术员 | 合同工 |
| 26 | | 基本工资总额 | | | | |
| 27 | | 工资总额 | | | | |
| 28 | | | | | | |

图 4-5　统计数据

7. 求出职工工资总额中的最大值和最小值。

操作步骤：

单击任一空单元格，单击编辑栏中的"插入函数"按钮，在弹出的对话框中选择函数名 MAX，单击"确定"按钮，选定数据区域 J2:J21 并确定。用同样的方法求出最小值。

8. 统计职工中工资总额大于 1200 元的人数。

操作步骤：

单击任一空单元格，单击编辑栏中的"插入函数"按钮，在弹出的对话框中选择函数名 COUNTIF，在 Range 栏中输入"J2:J21"，在 Criteria 栏中输入">1200"，单击"确定"按钮。

9. 设置其奖金的 90%大于等于 450 元的职工为"优秀"，其余为"合格"。

操作步骤：

单击单元格 M2，单击编辑栏中的"插入函数"按钮，在弹出的对话框中选择函数名 IF，确定后在 Logical_test 栏中输入"G2*0.9>=450"，在 Value if true 栏中输入"优秀"，在 Value if false 栏中输入"合格"，确定后将 M2 单元格填充柄向下拖放至单元格 M21。

10. 利用函数 YEAR 计算每个职工的工龄。

操作步骤：

单击单元格 N2，输入公式"TEXT(YEAR(Nowc) – D2) – 1900, "# #""，确定后将 N2 单元格填充柄向下拖放至单元格 N21。选中区域 N2:N21，右击，选择快捷菜单中的"设置单元格格式"命令，单击"数字"选项卡，选择"常规"选项，单击"确定"按钮。

### 4.5.4　实验四 Excel 2016 图表的使用及窗口的管理

**一、实验目的**

1. 掌握 Excel 2016 工作表中数据图表的建立操作。
2. 掌握 Excel 2016 的数据图表的编辑操作。
3. 能够进行 Excel 2016 窗口的拆分、重排、冻结操作。

**二、实验内容**

1. 根据图 4-5 中的数据生成一个基本工资总额和工资总额的柱形图表，最大刻度为 9000，主要刻度单位为 600。

操作步骤：

选定表中区域 B25:F27，切换到"插入"功能区，单击"图表"组"柱形图"按钮组中的第一种图表(簇状柱形图)建立图表，右击柱形图表中的"数值轴"，在弹出的快捷菜单中选择"设置坐标轴格式"命令，在弹出的对话框的"坐标轴选项"中设置最大值为 9000，主要刻度单位为 600，单击"确定"按钮。

2. 编辑柱形图表：调整图表的位置和大小，添加图表的数据标签、添加背景、美化图表等。

操作步骤：

分别选中"图表区"和"绘图区"，拖动鼠标调整图表的位置和大小。右击，在弹出的快捷菜单中选择"设置绘图区格式"命令，进行图表的美化。右击柱形图，从弹出的快捷菜单中选择"添加数据标签"命令，添加图表的数据标签。

3. 根据图 4-5 产生的数据生成一个工资总额的饼图。

操作步骤：

选定表中的 B26:F26 和 B27:F27 区域，切换到"插入"功能区，单击 "图表"组的"饼图"按钮组中的第一种饼图建立图表。

4. 进行拆分窗口、冻结窗口的操作，并观察效果。

操作步骤：

单击 C2，执行"视图"选项卡"窗口"组中的"拆分"命令和"冻结窗格"命令。

5. 取消窗口的冻结，观察效果。

操作步骤：

切换到功能区中的"视图"选项卡，再次执行"窗口"组中的"拆分"或"冻结窗格"命令。

## 4.5.5 实验五 Excel 2016 的数据管理操作及打印

### 一、实验目的

1. 能进行 Excel 2016 数据表的建立。
2. 掌握 Excel 2016 工作表中记录的排序、筛选及分类汇总的操作。
3. 能够进行工作表的页面设置和打印设置。

### 二、实验内容

1. 在工作表 Sheet1 中，创建一个如图 4-6 所示的数据列表。

操作步骤：

选定工作表 Sheet1，在第一行中输入字段名"姓名""性别""语文""数学"和"英语"，再根据图 4-6 中的数据，逐个输入记录。

| | A | B | C | D | E | F |
|---|---|---|---|---|---|---|
| 1 | 姓名 | 性别 | 语文 | 数学 | 英语 | |
| 2 | 赵雪莲 | 女 | 80 | 85 | 90 | |
| 3 | 钱建成 | 男 | 90 | 93 | 90 | |
| 4 | 孙石头 | 男 | 79 | 76 | 75 | |
| 5 | 李爱荣 | 女 | 83 | 87 | 89 | |
| 6 | 周欣然 | 女 | 98 | 97 | 99 | |
| 7 | 吴苏州 | 女 | 90 | 89 | 88 | |
| 8 | 郑前锋 | 男 | 93 | 93 | 990 | |
| 9 | 王丰满 | 女 | 99 | 98 | 97 | |
| 10 | 冯北京 | 女 | 89 | 88 | 90 | |
| 11 | 陈济南 | 男 | 99 | 91 | 90 | |
| 12 | 楚建筑 | 女 | 78 | 77 | 71 | |
| 13 | 魏地理 | 男 | 76 | 77 | 75 | |
| 14 | 蒋珠江 | 女 | 67 | 68 | 72 | |
| 15 | 沈明堂 | 男 | 88 | 83 | 85 | |
| 16 | 韩华晨 | 男 | 98 | 98 | 90 | |
| 17 | 杨思成 | 男 | 83 | 81 | 89 | |

图 4-6 数据列表

2. 统计出每个学生的总分，且总分按降序排列。

操作步骤：

单击单元格 F2，输入公式 "=SUM(C2:E2)"，确定后将 F2 单元格填充柄向下拖放至单元格 F21。单击单元格 F1，切换到 "数据" 功能区，单击 "排序和筛选" 组中的 "降序" 按钮。

3. 将性别作为第一关键字(升序)，总分作为第二关键字(降序)排列。

操作步骤：

切换到 "数据" 功能区，单击 "排序和筛选" 组中的 "排序" 命令，在弹出的对话框中选定主要关键字为 "性别"、升序，次要关键字为 "总分"、降序，选中 "有标题行"，单击 "确定" 按钮。

4. 将筛选出的所有女同学的 "英语" 成绩加上 5 分。

操作步骤：

切换到 "数据" 功能区，单击 "排序和筛选" 组中的 "筛选" 按钮，单击 "性别" 处的小三角并在其下拉式菜单中单击 "女"，再给筛选出的每位女同学 "英语" 成绩上加 5 分。

5. 插入一张工作表 Sheet4，建立一个 3 门课程(语文、数学、英语)都在 70 分以上(包括 70 分)的学生数据列表。

操作步骤：

右键单击工作表标签，执行 "插入" 命令，在弹出的对话框中选中 "工作表"，单击 "确定" 按钮，工作表名为 Sheet4。

选中工作表 Sheet1，切换到 "数据" 功能区，单击 "排序和筛选" 组中的 "筛选" 按钮，单击 "语文" 处的小三角并在其下拉式菜单中单击 "文本筛选" 内的 "自定义筛选"，在弹出的对话框中指定条件为 "大于或等于 70"，单击 "确定" 按钮。

对于数学、英语用同样的方法进行操作。选定筛选出的数据区域，单击 "剪贴板" 组中的 "复制" 按钮，在 Sheet4 选中单元格 A1，单击 "剪贴板" 组中的 "粘贴" 按钮。

6. 在工作表 Sheet4 的数据列表中，筛选出所有的男同学记录并删除。

操作步骤：

选中 Sheet4，切换到 "数据" 功能区，单击 "排序和筛选" 组中的 "筛选" 按钮，单击 "性别" 处的小三角并在其下拉式菜单中单击 "男"，选定筛选出的数据区域(不含标题)，右击，选择快捷菜单中的 "删除" 命令。切换到 "数据" 功能区，单击 "排序和筛选" 组中的 "筛选" 按钮。

7. 在工作表 Sheet1 中，从 I 列开始，创建一个包含不及格成绩学生的数据列表，标题在第 1 行。

操作步骤：

选定区域 C1:E1，单击 "剪贴板" 组中的 "复制" 按钮，选中单元格 C23，单击 "剪贴板" 组中的 "粘贴" 按钮，在单元格 C24 中输入 "<60"，在单元格 D25 中输入 "<60"，在单元格 E26 中输入 "<60"。切换到 "数据" 功能区，单击 "排序和筛选" 组中的 "高级" 按钮，在弹出的 "高级筛选" 对话框中，选中 "将筛选结果复制到其他位置" 单选按钮，在 "数据区域" 栏中输入 "Sheet1!$A$1:$F$21"，在 "条件区域" 栏中输入 "Sheet1!$C$23:$E$26"，在 "复制到" 栏中输入 "Sheet1!$I$1:$N$11"，单击 "确定" 按钮。

8. 将性别进行升序排列，按性别对数学、语文、英语进行分类求平均值，并观察分级显示的信息。

操作步骤：

选中单元格 B1，切换到"数据"功能区，单击"排序和筛选"组中的"升序"按钮。切换到"数据"功能区，单击"分级显示"组中的"分类汇总"命令，在弹出的对话框中选中分类字段为"性别"，汇总方式为"平均值"，汇总项为"数学、语文、英语"，选中"结果显示在数据下方"，单击"确定"按钮。单击行号左边的按钮，观察分级显示的效果。

# 第 5 章

# PowerPoint 2016 演示文稿软件

## 5.1 基本知识点

### 1. 基本概念

PowerPoint 是一款以幻灯片形式展现文稿内容的应用软件。它处理的对象称为演示文稿，是一个扩展名为 ppt 或 pptx 的文件，其中包括一套幻灯片及其相关信息。在制作幻灯片时，放映效果是重点要考虑的内容。

有关 PowerPoint 启动与退出的操作方法，以及打开、保存、关闭、打印文稿的操作方法，与 Word 和 Excel 等基本相同。

### 2. 创建演示文稿

1) 模板与版式

模板是含有背景图案、配色方案、文字格式和提示文字等的若干张幻灯片，每张幻灯片使用一种版式。版式中包含许多占位符，用于填入标题、文字、图片、图表和表格等各种对象。

2) 新建演示文稿

方法有很多，例如使用内容提示向导、设计模板和空演示文稿等。

3) 模板的其他应用

对于已经建立的演示文稿，可以改用新的模板，也可以对其中的个别幻灯片设计背景与色彩，还可以自定义新的模板供以后使用。

### 3. 浏览和编辑演示文稿

1) 浏览演示文稿

PowerPoint 提供了多种视图方式，如普通视图、幻灯片浏览视图、备注页视图、幻灯片放映视图等几种视图方式。可根据需要，以不同方式显示演示文稿的内容。

(1) 普通视图：普通视图是默认的视图方式，也是使用最多的视图方式。普通视图主要用于显示、制作和修饰幻灯片。对于已有的对象(或对象占位符)，可以在选择对象后输入、修改内容以及设定修饰格式；对于原先没有的对象，可以插入新对象后进行输入、编辑。

(2) 幻灯片浏览视图：在幻灯片浏览视图中，可以在屏幕上同时看到演示文稿中的所有幻灯片。这些幻灯片是以缩略图方式显示的，所以很容易在幻灯片之间添加、删除、复制、移动幻灯片以及选择动画切换方式。

(3) 备注页视图：在备注页视图中，将在幻灯片下方显示幻灯片的注释页，可在该处为幻灯片创建用户的注释，可以为任何一张幻灯片添加注释。

(4) 幻灯片放映视图：在幻灯片放映视图方式下，整个屏幕只显示一张幻灯片，可以看到动画效果，听到声音。

2) 编辑幻灯片

编辑幻灯片是指对幻灯片进行删除、复制和移动等操作，一般在"幻灯片浏览视图"中进行。编辑时，需要先选定幻灯片，方法是单击幻灯片。

### 4. 放映属性的设置与放映

1) 放映属性概述

各种放映效果，如动画效果、切换效果和音响效果等，由多方面的放映属性决定。这些属性是在编辑过程中设定的，并成为演示文稿的内容。

2) 一张幻灯片内部放映属性的设置

(1) 在幻灯片中设置"动作按钮"：单击"插入"|"插图"|"形状"，在弹出的菜单中选择合适的"动作按钮"命令来设置。放映是运用它引发某个动作。

(2) 在幻灯片中设置"超链接"：选择代表超链接起点的文本或其他对象，插入超链接，输入或选择文件名或网页。放映时运用超链接能跳转显示其他文件和网页等。

(3) 幻灯片中的动画：选择菜单"动画"|"高级动画"|"添加动画"命令进行设置。放映时使幻灯片中各个对象按一定顺序且以不同方式显示，形成有演变过程的一种效果。

3) 多张幻灯片连续放映属性的设置

(1) 切换效果：指新的幻灯片在替换前一张幻灯片时，以何种方式出现在屏幕上。设置方法为选择需要设置切换效果的幻灯片，选择菜单"切换"|"切换方案"命令进行设置。

(2) 对同一演示文稿设置多种不同的关于幻灯片范围及顺序的放映方案，以满足不同的需要。

4) 设置放映方式

选择菜单"幻灯片放映"|"设置幻灯片放映"命令，在对话框中选择一种放映类型。放映类型有：演讲者放映、观众自行浏览和在展台浏览，它们有各自的特点和使用场合。

5) 执行放映

PowerPoint 提供了多种启动放映的方法，可以从第一张幻灯片开始放映，也可以按某种自定义方案放映，还可以不进入 PowerPoint，直接激活放映。

按"演讲者放映"方式放映时，用户可以使用多种手段来控制放映过程。

### 5. 演示文稿的打印与打包

使用"文件"|"打印"命令可以打印演示文稿，在打印时，可以选择打印内容是幻灯片、讲义或是备注页，可以设置每页打印幻灯片的张数。

选择菜单"文件"|"导出"|"将演示文稿打包成 CD"命令，可将演示文稿及其相关文件压缩成为打包文件，这样不但便于传递演示文稿，还可以保证能在其他的、甚至未安装 PowerPoint 的计算机上正常放映。

## 5.2　重点与难点

### 1. 重点

本章的重点包括 PowerPoint 的基本概念；如何创建一个空演示文稿；如何在打开的演示文稿中制作幻灯片；放映属性的设置与放映。

### 2. 难点

本章的难点在于如何制作幻灯片；放映属性的设置与放映。

## 5.3　习　　题

### 5.3.1　单项选择题

1. PowerPoint 提供了多种视图方式，其中默认的视图方式是_____。
   - A. 幻灯片浏览视图
   - B. 备注页视图
   - C. 普通视图
   - D. 幻灯片放映视图

2. 在 PowerPoint 中，对先前所执行的有限次编辑操作，以下说法正确的是_____。
   - A. 不能对已执行的操作进行撤销
   - B. 能对已执行的操作进行撤销，但不能恢复撤销后的操作
   - C. 能对已执行的操作进行撤销，也能恢复撤销后的操作
   - D. 不能对已执行的操作进行撤销，也不能恢复撤销后的操作

3. 在 PowerPoint 中，若要对文本或段落进行缩进设置，应选择的命令是_____。
   - A. "格式"菜单中的"行距"命令
   - B. "开始"|"段落"|"提高列表级别"命令
   - C. "工具"菜单中的"版式"命令
   - D. "工具栏"菜单中的"样式检查"命令

4. 可以在 PowerPoint 提供的幻灯片视图中调整幻灯片的顺序，但是不能_____。
   - A. 复制幻灯片
   - B. 删除幻灯片
   - C. 编辑幻灯片
   - D. 修改备注内容

5. PowerPoint 中用于显示文件名的栏是_____。

    A. 常用工具栏　　　　B. 菜单栏　　　　　　C. 标题栏　　　　　　D. 状态栏

6. 若要修改幻灯片中文本框内的内容，应该_____。

    A. 首先删除文本框，然后重新输入文字

    B. 选择该文本框中所要修改的内容，然后输入正确的文字

    C. 重新选择带有文本框的版式，然后再向文本框内输入文字

    D. 用新插入的文本框覆盖原文本框

7. 如果要从第 2 张幻灯片跳转到第 8 张幻灯片，应使用 "＿＿＿" 命令。

    A. 动作设置　　　　B. 预设动画　　　　C. 幻灯片切换　　　　D. 自定义动画

8. 在演示文稿中新增一张幻灯片，应该_____。

    A. 选择 "视图" 选项卡中的命令

    B. 单击 "开始" 选项卡中的 "新建幻灯片" 按钮

    C. 在当前幻灯片上右键单击，出现快捷菜单后选择其中的命令

    D. 选择 "文件" 选项卡中的 "打开" 命令

9. 在普通视图模式下，不能显示在每张幻灯片中的_____内容。

    A. 备注　　　　　　B. 图表　　　　　　C. 表格里的数字　　D. 艺术字

10. 若要选择多张连续的幻灯片，可以在切换到幻灯片浏览视图模式下，首先选中第一张幻灯片，然后按住_____键不放，单击要选择的最后一张幻灯片。

    A. Tab　　　　　　B. Shift　　　　　　C. Alt　　　　　　D. Ctrl

11. 如果要将某张幻灯片删除，可以选中该幻灯片，然后在该幻灯片_____，从弹出的菜单中选择删除命令。

    A. 单击右键　　　　　　　　　　　　B. 双击右键

    C. 单击左键　　　　　　　　　　　　D. 双击左键

12. 打开演示文稿，在视图窗格中选中第五张幻灯片，然后用鼠标右键单击第五张幻灯片，弹出快捷菜单后，选择 "新建幻灯片" 命令，即可使得新添加的一张同样版式的幻灯片出现在_____的位置上。

    A. 第一张幻灯片　　　　　　　　　　B. 第六张幻灯片

    C. 第五张幻灯片　　　　　　　　　　D. 演示文稿所有幻灯片的后面

13. 若要复制一张幻灯片，可以选中该幻灯片，单击 "开始" 选项卡的 "剪贴板" 组中的 "复制" 按钮，将该幻灯片放在剪贴板上，然后选好复制到的位置，单击 "开始" 选项卡的 "剪贴板" 组中的 "_____" 按钮，即可将选中的一张幻灯片复制到指定位置。

    A. 复制　　　　　　B. 剪切　　　　　　C. 格式刷　　　　　D. 粘贴

14. 在普通视图模式下，文本框在被编辑前，对应文本框的虚线框中会有 "单击此处添加标题" 或者 "单击此处添加文本" 等提示文字，该提示文字为_____，用鼠标单击提示文字，提示文字会消失，用户即可在文本框内输入文本内容。

A. 文本占位符　　　　　　　　　B. 随机产生的文字

C. 文本框大小限定符　　　　　　D. 文本框字符数量限定符

15. 在 PowerPoint 中，设置幻灯片中各个组成元素的动画效果可以采用_____选项卡中的"添加动画"命令。

A. "格式"　　　B. "动画"　　　C. "工具"　　　D. "视图"

16. 按_____键可以停止幻灯片播放。

A. 回车　　　　B. Esc　　　　C. Shift　　　　D. Ctrl

17. 在 PowerPoint 中，若要设置文本框中文字的大小、颜色、加粗、倾斜等属性，可以选择"开始"选项卡中"_____"组中的命令。

A. 幻灯片　　　B. 编辑　　　　C. 段落　　　　D. 字体

18. 幻灯片母版是用于存储模板信息的设计模板，可以在幻灯片母版中重新设置幻灯片的样式，操作方法是切换到"_____"选项卡，在"母版视图"组中选择单击"幻灯片母版"，即可对幻灯片母版进行各种编辑操作。

A. 开始　　　　B. 插入　　　　C. 视图　　　　D. 设计

19. 使用页眉可以_____。

A. 将一张图片用做所有页的标题

B. 将一段文本放在每张幻灯片的顶端

C. 将一段文本放在每张注释页的顶端

D. 将一段文本用做所有页的标题

20. 下列有关幻灯片的注释，说法不正确的是_____。

A. 注释信息只出现在备注页视图中

B. 注释信息可在备注页视图中进行编辑

C. 注释信息不能随同幻灯片一起播放

D. 注释信息可出现在幻灯片浏览视图中

## 5.3.2　判断正误题

1. PowerPoint 有"普通视图""大纲视图""幻灯片浏览视图""备注页""阅读视图"等演示文稿视图模式，其中"阅读视图"是 PowerPoint 默认的视图模式。　　　（　　）

2. 修改演示文稿后，可以使用"文件"菜单中的"保存"或"另存为"命令，这两个命令的区别是：若选择"保存"，可以用其他文件名保存，或保存到其他位置；而"另存为"却只能用原文件名保存，不能保存到其他位置。　　　（　　）

3. PowerPoint 每次只能打开一个演示文稿文件，不能同时打开多个演示文稿文件。（　　）

4. 单击"幻灯片放映"菜单下的"观看放映"命令，同单击 PowerPoint 窗口左下角的"幻灯片放映"按钮作用一样，都是从当前幻灯片开始，放映正在编辑的演示文稿。　　　（　　）

5. PowerPoint 在放映的中途，可随时右击，使用快捷菜单切换到某张幻灯片、结束放映或进行其他操作。　　　（　　）

6. 在大纲视图中，可以使用"大纲"工具栏中的按钮来改变演示文稿的结构，每单击"提级"按钮一次，当前标题的级别就提高一级。若将大标题提高一级，原属于它的所有小标题的级别均不变。　　　　　　　　　　　　　　　　　　　　　　　　　　　　（　　）

7. 在幻灯片浏览视图中，若单击工具栏中"显示比例"右侧的向下箭头，改变"显示比例"的值，那么幻灯片浏览视图中每行出现的幻灯片数量会改变。　　　　　　　　（　　）

8. 若要使某个工具栏中的工具按钮出现或消失，可选择"视图"菜单下的"工具栏"命令，单击"工具栏"子菜单中的相应工具栏名称。　　　　　　　　　　　　　　（　　）

9. 若要将一个 bmp 文件的图像插入当前幻灯片上，可以选择"插入"菜单中的"图片"命令，在"图片"的子菜单中选择"来自文件"命令。　　　　　　　　　　　（　　）

10. 幻灯片切换也称为换页。可以为当前选择的某一张幻灯片或者当前选择的某一组幻灯片设置换页的方式、效果，但是不能为换页时设置声音。　　　　　　　　　（　　）

11. 在 PowerPoint 中，幻灯片母版是用于存储模板信息的设计模板，这些模板信息包括字形、占位符大小和位置、背景设计和配色方案等。只要在母版中更改了样式，则对应的幻灯片中相应位置处也会随之改变。　　　　　　　　　　　　　　　　　　（　　）

12. 对于打上了隐藏标记的幻灯片，可以在任何视图方式下编辑。　　　　　　（　　）

13. 在 PowerPoint 中，当前正在新建一个演示文稿，名称为"演示文稿 2"，当执行"文件"菜单下的"保存"命令后，会直接保存"演示文稿 2"并退出 PowerPoint。　　（　　）

14. 在 PowerPoint 中，当处于幻灯片浏览视图状态时，不能将某一张幻灯片上的文本内容移到另一张幻灯片上。　　　　　　　　　　　　　　　　　　　　　　　（　　）

15. 在 PowerPoint 中，在设置文本的字体时，字体的大小可以通过选择"字号"下拉列表中的选项来决定，而字体的颜色可以通过选择"字体"下拉列表中的选项来决定。　（　　）

### 5.3.3　填空题

1. PowerPoint 有"普通视图""大纲视图""幻灯片浏览视图""＿＿＿＿""备注页"等演示文稿视图模式。

2. 默认情况下，PowerPoint 新建的空白演示文稿只有＿＿＿＿幻灯片。若要添加新的幻灯片，可以单击"开始"选项卡，选择"幻灯片"组中的＿＿＿＿命令，添加新的幻灯片。

3. 在 PowerPoint 中，删除多余幻灯片的方法是：选中准备删除的幻灯片，在该幻灯片上单击右键，在弹出的快捷菜单中选择"＿＿＿＿"命令单击即可。

4. 单击"＿＿＿＿＿"选项卡，选择"母版视图"组中的"幻灯片母版"按钮，进入"幻灯片母版"视图。此时选择左侧窗格中的某个幻灯片母版，即可对其进行编辑操作。

5. 当前幻灯片的内容编辑完毕后，可通过单击"插入"选项卡功能区中的"＿＿＿＿"命令，增加一张新幻灯片，然后编辑新幻灯片的内容。

6. 默认情况下，快速访问工具栏位于屏幕的＿＿＿＿。演示文稿的名称位于屏幕＿＿＿＿。快速访问工具栏的下一行是一组功能区＿＿＿＿，如"开始""插入""设计""切换""动画"等。

7. 播放幻灯片时，若不想播放某些幻灯片，可将这些幻灯片隐藏起来，操作方法是：选择需要隐藏的幻灯片，然后单击"_____"选项卡功能区中的"隐藏幻灯片"按钮即可。

8. 可以在幻灯片上插入图片，根据图片的来源，可以分为插入_____图片，插入联机图片，插入_____。

9. PowerPoint 默认的放映方式是"_____"，换片方式是_____。在默认的放映方式下，可自行控制每张幻灯片的放映时间，通过按键或单击鼠标来放映后继内容。

10. 在打印幻灯片时，可以选择打印内容，打印内容分为：_____(每页打印一张)、讲义(每页多张幻灯片)、_____、备注页。

11. 在 PowerPoint 中，有关幻灯片母版中的典型的页眉/页脚内容是_____、时间及幻灯片编号。

12. 在 PowerPoint 中，不能对个别幻灯片内容进行编辑修改的视图是_____。

13. 在 PowerPoint 中，以文档方式存储在磁盘上的文件称为_____。

14. 可以编辑幻灯片中文本、图像、声音等对象的视图方式是_____。

15. PowerPoint 提供了一项称为_____的功能。它提供了一些模板，如列表、流程图、组织结构图和关系图，以简化创建复杂形状的过程。

16. 在 PowerPoint 中，可以将音频插入到幻灯片上，播放时产生音响效果。插入本地音频的方法是：选择幻灯片后单击"_____"选项卡功能区中的音频按钮，从展开的列表中选择"PC上的音频"，打开插入音频对话框，选择音频文件，单击插入按钮。

17. 放映连续的幻灯片时，从上一张到下一张的过程称为_____。

18. 在 PowerPoint 中，动画按种类有：进入动画、退出动画、强调动画、路径动画等。若要为幻灯片上的图片对象添加"进入动画"，可以如下操作：_____需要添加"进入动画"的图片对象，单击"_____"选项卡功能区中"动画"组中的"其他"按钮"，展开动画效果列表后，在"_____" 效果列表中选择合适的进入效果即可。

19. 如果在演示文稿中需要引用其他文件或者网页中的内容，则可以添加_____。在播放幻灯片时，单击超链接，即可跳转到连接到的位置。

20. 制作好演示文稿之后，需要放映幻灯片。操作步骤如下：打开演示文稿，单击"幻灯片放映"选项卡功能区中的"_____"按钮，即可从第一张幻灯片开始放映。若选中第五张幻灯片，单击"幻灯片放映"选项卡功能区中的"_____"按钮，即可从第五张幻灯片开始放映。

### 5.3.4　简答题

1. 如何在某一张幻灯片上插入自选图形？
2. 如何将 Word 文档转变成演示文稿？
3. 如何删除、复制幻灯片？如何重新排列幻灯片顺序？
4. 如何为某一张幻灯片上的对象设置动画和声音？
5. 如何在某一张幻灯片上插入电影剪辑？
6. 如何链接到某个电子邮件地址？
7. 如何使用动作按钮跳转到本演示文稿的任何一张幻灯片上？
8. PowerPoint 的母版类型有几种？写出它们的名称。

9. 简述 PowerPoint 几种视图方式的特点。

10. 简述 PowerPoint 的几种放映类型的主要内容。

# 5.4　习题参考答案

## 5.4.1　单项选择题答案

1. C　2. C　3. B　4. C　5. C　6. B　7. A　8. B　9. A　10. B

11. A　12. B　13. D　14. A　15. B　16. B　17. D　18. C　19. B　20. D

## 5.4.2　判断正误题答案

| 1. × | 2. × | 3. × | 4. × | 5. √ |
|---|---|---|---|---|
| 6. × | 7. √ | 8. √ | 9. √ | 10. × |
| 11. √ | 12. × | 13. × | 14. √ | 15. × |

## 5.4.3　填空题答案

1. 阅读视图

2. 一张　　新建幻灯片

3. 删除幻灯片

4. 视图

5. 新建幻灯片

6. 左上角　　顶部中央　　选项卡

7. 幻灯片放映

8. 本地　　屏幕截图

9. 演讲者放映　　人工

10. 幻灯片　　大纲视图

11. 日期

12. 幻灯片浏览

13. 演示文稿

14. 普通视图

15. SmartArt

16. 插入

17. 切换

18. 选择　　动画　　进入

19. 超链接

20. 从头开始　　从当前幻灯片开始

## 5.4.4　简答题答案

(答案省略，请参见教材内容。)

# 5.5　上机实验练习

## 5.5.1　实验一　演示文稿的创建

### 一、实验目的

1. 掌握 PowerPoint 的启动。

2. 熟悉 PowerPoint 的环境和各选项卡中的命令。

3. 掌握演示文稿的基本创建过程。

4. 掌握幻灯片的基本编辑方法。

## 二、实验内容

### 1. 创建演示文稿

1) 利用"模板"

选择"文件"|"新建"命令，在系统提供的可用模板中选择一个合适的模板，创建自我介绍演示文稿 P1.pptx，该演示文稿由一张封面和两张幻灯片组成。

封面的设计如下：封面的标题为"自我介绍"，文字分散对齐。单击"插入"选项卡，选择"形状"下拉列表中的"星和旗帜"中的"上凸带型"，在幻灯片上画出该图形并添加年份。在其左侧插入一幅风景图片，该风景图片从计算机或网络上随便找一幅即可，图片大小为原图的 30%。

在第一张幻灯片上输入个人的基本信息，如姓名、性别、年龄、联系地址。

在第二张幻灯片上输入个人的经历，用圆点项目符号标记每一项经历。

幻灯片中输入的文字均在文本框中对齐，关键文字用 32 磅粗楷体，说明部分的文字用 28 磅宋体。

2) 利用"空白演示文稿"

利用空白演示文稿创建演示文稿 P2.pptx，标题处填入"通知"，文本内容为"定于明日下午 3 点在学校操场召开我校第 16 届计算机大赛颁奖大会。"在文本内容的右侧放置一张校园风光图片，如图 5-1 所示。

图 5-1　幻灯片效果

### 2. 编辑幻灯片

1) 在幻灯片视图中编辑文本

在已有的自我介绍演示文稿中进行文本的选定、移动、复制、撤销、查找和替换操作。

2) 插入图片

将演示文稿 P1.pptx 中的标题"自我介绍"改为"艺术字"，打开"插入"选项卡，单击"文本"组中的"艺术字"，在"艺术字"下拉列表中选择第 2 行第 3 列的样式。删除原来放置的风景图片，换成自己的照片。

3) 插入表格

在创建的自我介绍演示文稿 P1.pptx 中添加一张幻灯片，插入自己的成绩表格。

4) 配色

对创建的自我介绍演示文稿 P2.pptx 的每个部分进行重新配色。

## 5.5.2　实验二　修饰与模板的使用

### 一、实验目的

1. 掌握 PowerPoint 母版的使用。
2. 熟悉 PowerPoint 模板的使用。
3. 掌握 PowerPoint 配色方案的使用。

### 二、实验内容

### 1. 创建幻灯片母版

(1) 启动 PowerPoint，新建或打开一个演示文稿。单击"视图"选项卡，执行"幻灯片母版"命令，进入"幻灯片母版视图"状态，此时"幻灯片母版视图"工具条也随之被展开，如图 5-2 所示。

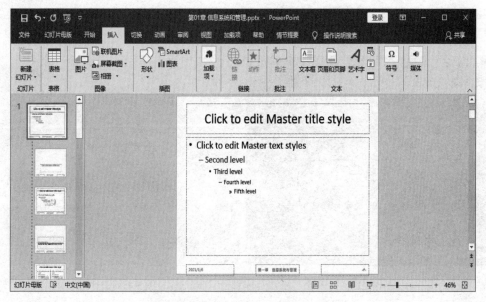

图 5-2　幻灯片母版视图

(2) 右键单击"Click to edit Master title style"(单击此处编辑母版标题样式)，在随后弹出的快捷菜单中，选择"字体"选项，打开"字体"对话框，设置好"字体"等相应的选项后，单击"确定"按钮返回。

然后右键单击"Click to edit Master text styles"(单击此处编辑母版文本样式)，在随后弹出的快捷菜单中，选择"字体"选项，打开"字体"对话框，设置好"字体"等相应的选项后，单击"确定"按钮返回。然后分别右键单击下面的"Second level""Third level""Fourth level""Fifth level"，适当选择快捷菜单中的选项，出现对话框后，设置好相关的格式。

单击"插入"选项卡,执行"页眉和页脚"命令,打开"页眉和页脚"对话框,切换到"幻灯片"标签下,即可对日期区、页脚区、数字区进行格式化设置。

单击"插入"选项卡,执行"图片"命令,打开"插入图片"对话框,定位到事先准备好的图片所在的文件夹中,选中该图片将其插入母版中,并定位到合适的位置上。

(3) 全部设置完成后,单击"关闭母版视图"按钮,返回幻灯片视图中,"幻灯片母版"制作完成后的效果如图 5-3 所示。

### 2. PowerPoint 模板的使用

1) 应用设计模板

启动 PowerPoint,单击"文件"按钮,选择执行"新建"命令,可以在"搜索联机模板和主题"框中输入搜索内容,也可以选择"搜索联机模板和主题"下面给出的"建议的搜索"后面的选项,例如选择"教育",在下面出现的模板中进行选择即可。选中需要的模板之后,单击"创建"按钮。

2) 创建自己的设计模板

打开现有的演示文稿。更改演示文稿的设置(如修改文本占位符的字符、字号和字形、背景图案以及颜色、放置图形图片等),设计如图 5-4 所示的模板。设计完成后,选择"文件"菜单中的"另存为"命令,选择保存类型为"PowerPoint 模板"。

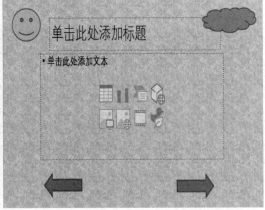

图 5-3  制作完成后的效果          图 5-4  设计模板

### 3. 使用配色方案

1) 应用新的标准配色方案

单击"设计"选项卡,在"主题"组中选择某一个主题模式,然后打开"变体"组的下拉列表,选择其中的"颜色"选项,在弹出的列表中选择内置配色方案中的一种,如图 5-5 所示,将新的配色方案应用于整个演示文稿。

2) 创建配色方案

单击图 5-5 中弹出式菜单下方的"自定义颜色",弹出"新建主题颜色"对话框,如图 5-6 所示,在"新建主题颜色"对话框中可以选择各个项目所需的颜色,选择之后,将最后的配色方案添加为标准配色方案并应用于演示文稿中。

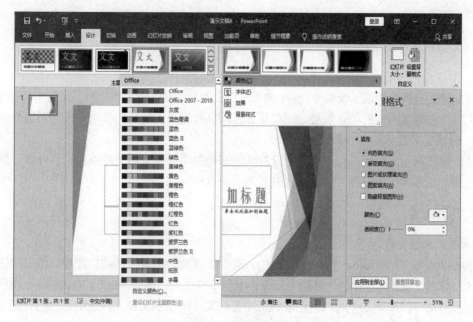

图 5-5 选择配色方案

图 5-6 "新建主题颜色"对话框

### 5.5.3 实验三 多媒体制作技术

#### 一、实验目的

1. 掌握 PowerPoint 的动画设置。
2. 掌握 PowerPoint 的声音配置。
3. 掌握 PowerPoint 视频的添加。

### 二、实验内容

#### 1. 幻灯片的动画设计

1) 幻灯片内的动画设计

对创建的自我介绍演示文稿 P1.pptx 内第一张幻灯片中的"姓名"部分,在前一事件结束 2 秒后采用"左侧飞入"的动画效果。对在第 2 张幻灯片的个人经历,按项一条一条地显示。

2) 设置幻灯片间的切换效果

使创建的演示文稿 P1.pptx 内各幻灯片间的切换效果分别采用上拉帷幕、百叶窗、溶解、页面卷曲、立方体、随机等方式。换片方式为单击鼠标。

#### 2. 声音配置

1) 插入声音文件

准备好声音文件(*.mid、*.wav 等格式)。选中需要插入声音文件的幻灯片,单击"插入"选项卡,单击"媒体"组中的"音频"命令,出现下拉框后,选择"PC 上的音频",出现"插入音频"对话框,如图 5-7 所示。定位到上述音频文件所在的文件夹,选中相应的音频文件,单击"插入"按钮返回。

2) 为幻灯片配音

在计算机上安装并设置好麦克风后,单击"幻灯片放映"选项卡,选择"设置"组中的"录制幻灯片演示"命令,打开"录制幻灯片演示"对话框,如图 5-8 所示。

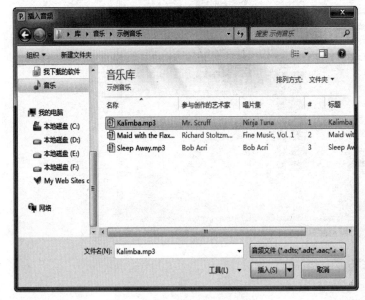

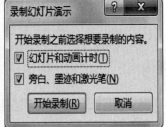

图 5-7 "插入音频"对话框          图 5-8 "录制幻灯片演示"对话框

根据需要选中合适的选项后单击"开始录制"按钮,进入幻灯片放映状态,一边播放演示文稿,一边对着麦克风朗读旁白。播放结束后,系统会弹出提示框,可根据需要单击其中相应的按钮。

### 3. 视频的添加

将视频文件准备好，例如，可以将准备放入幻灯片上的视频文件存放在本台电脑中磁盘的指定位置上。打开演示文稿，选中准备放置视频文件的幻灯片，单击"插入"选项卡，在功能区中选择"媒体"组的"视频"按钮，单击"视频"按钮后，出现下拉列表，列表中有两个选项，分别是"联机视频"和"PC 上的视频"，用户可以选择其中的一项。例如，选择"PC 上的视频"，则表示从本台电脑上选择视频文件，这时会出现"插入视频文件"对话框，用户选择其中的一个视频文件后，单击"插入"按钮，就会将该视频文件添加到幻灯片上。

图 5-9　"插入视频文件"对话框

## 5.5.4　实验四　超链接技术

### 一、实验目的

1. 掌握 PowerPoint 的超链接技术。
2. 熟悉超链接技术在 PowerPoint 中的实际效果。

### 二、实验内容

### 1. 文件或网页的链接

1) 文件的链接

将被插入的文件准备好，例如，可将被插入的文件存放在本台计算机中磁盘的指定位置上。打开演示文稿，选中准备放置视频文件的幻灯片上的对象。单击"插入"选项卡，在功能区中选择"链接"组的"链接"按钮，出现"插入超链接"对话框。

在"插入超链接"对话框左侧"链接到："的下面，单击"现有文件或网页"，再单击"当前文件夹"，在"查找范围"后面选择范围，范围确定后，在范围的下面选择需要链接的文件，然后单击"确定"按钮，即可将该文件链接到幻灯片，如图 5-10 所示。

使用上面的方法，可以将 Word 文档或 Excel 文档链接到幻灯片，播放该演示文稿时，可以显示 Word 文档或 Excel 文档的内容。

2) 网页的链接

在"插入超链接"对话框左侧"链接到："的下面，单击"现有文件或网页"，再单击"浏览过的网页", 这时在中间的框中出现一条一条的网址, 拖动右侧的滚动条, 可以看到更多的网址, 从中选择一个网址, 然后单击"确定"按钮, 即可将该网址的网页链接到幻灯片, 如图 5-11 所示。

图 5-10　将文件链接到幻灯片

图 5-11　将网页链接到幻灯片

**2. 幻灯片的链接**

**1) 创建"单击鼠标"的超链接**

打开演示文稿, 选中幻灯片上的准备设置超链接的对象。单击"插入"选项卡, 在功能区中选择"链接"组的"动作"按钮, 出现"操作设置"对话框后, 选择"单击鼠标"选项卡。

在"单击鼠标"选项卡上, 选中"超链接到(H):"单选按钮, 单击右侧的小三角形, 出现下拉菜单, 如图 5-12 所示。在下拉菜单中, 为用户提供了多种链接选择, 用户可以从当前幻灯片跳到"下一张幻灯片""上一张幻灯片""第一张幻灯片""最后一张幻灯片""结束放映"等等。

若想从当前幻灯片跳到指定的某一张幻灯片, 用户可以在图 5-12 中所示的下拉菜单中选择"幻灯片", 这时出现"超链接到幻灯片"对话框。用户可以在"超链接到幻灯片"对话框中左侧的列表中选择位置, 例如, 从当前幻灯片跳到第 12 张幻灯片(对话框右侧的预览之下, 可以看到第 12 张幻灯片的内容), 然后单击"确定"按钮即可, 如图 5-13 所示。

图 5-12　"操作设置"对话框

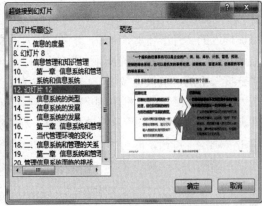

图 5-13　"超链接到幻灯片"对话框

2) 创建"鼠标悬停"的超链接

所谓"鼠标悬停"的超链接，是当鼠标悬停在幻灯片的某个对象上面时，会从当前幻灯片跳到设置好的超链接指定的位置。

打开演示文稿，选中幻灯片上的准备设置超链接的对象。单击"插入"选项卡，在功能区中选择"链接"组的"动作"按钮，出现"操作设置"对话框后，选择"鼠标悬停"选项卡。

在"鼠标悬停"选项卡上，选中"超链接到(H):"单选按钮，单击右侧的小三角形，出现下拉菜单，如图 5-14 所示。在下拉菜单中，为用户提供了多种链接选择，用户可以通过"鼠标悬停"选项卡，从当前幻灯片跳到其他位置。

在图 5-14 中，用户可以在"鼠标悬停"选项卡左侧的列表中选择位置，然后单击"确定"按钮，这样当鼠标悬停在所选对象上时，就可以从当前幻灯片跳到所选位置。

用户在列表中也可以选择"其他 PowerPoint 演示文稿"，这样当鼠标悬停在所选对象上时，就可以打开其他指定的 PowerPoint 演示文稿并播放。选择"其他 PowerPoint 演示文稿"之后，会出现"超链接到其他 PowerPoint 演示文稿"对话框，这时用户可以从该对话框中选择被连接的 PowerPoint 演示文稿，如图 5-15 所示。

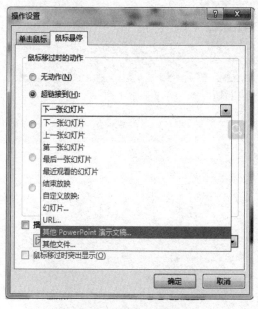

图 5-14　"鼠标悬停"选项卡　　　　图 5-15　"超链接到其他 PowerPoint 演示文稿"对话框

3) 创建动作按钮

在演示文稿的每一张幻灯片的下方放置一个动作按钮，以便从当前的幻灯片跳转到上一张幻灯片。

方法是：打开演示文稿，单击"开始"选项卡，选择"绘图"组中的"形状"按钮，出现下拉列表后，选择"箭头总汇"中的向左的箭头形状，在幻灯片的下方拖动鼠标，画出适当大小的箭头形状。选中刚才画出的箭头形状，单击"插入"选项卡，在功能区中选择"链接"组的"动作"按钮，出现"操作设置"对话框后，选择"单击鼠标"选项卡，选中"超链接到(H):"单选按钮，单击右侧的小三角形，出现下拉菜单。在下拉菜单中，选择"上一张幻灯片"，然后单击"确定"按钮，如图 5-16 所示。

对于每张幻灯片，按照上面的方法，都可以放置一个动作按钮，这样当放映幻灯片、用鼠标单击箭头时，就可以从当前幻灯片跳到上一张幻灯片。

图 5-16  放置动作按钮

### 5.5.5  实验五 播放技术

#### 一、实验目的

1. 掌握 PowerPoint 的不同播放方式。
2. 掌握 PowerPoint 的放映技巧。
3. 掌握 PowerPoint 异地播放技术。

#### 二、实验内容

#### 1. 演示文稿中的播放方式

打开演示文稿，单击"幻灯片放映"选项卡，在"设置"组中单击"设置幻灯片放映"按钮，出现"设置放映方式"对话框，如图 5-17 所示。

在图 5-17 中，可以看到，默认的放映类型是"演讲者放映"。还有"观众自行浏览"，以及"在展台浏览"。放映选项下面有"循环放映，按 Esc 键终止""放映时不加旁白"等复选框。对话框右侧还有一些选项，例如，选择放映全部幻灯片还是选择放映某一部分等等。

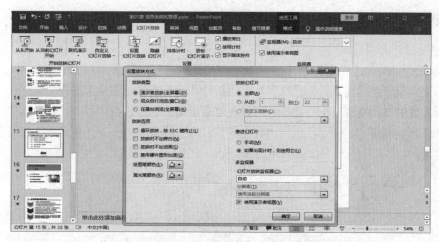

图 5-17　"设置放映方式"对话框

1) 循环放映文稿

如果文稿在公共场所播放,通常需要设置成循环播放的方式。

打开"设置放映方式"对话框,如图 5-17 所示,选中"循环放映,按 Esc 键终止"复选框和"如果出现计时,则使用它"单选按钮,单击"确定"按钮。

2) 自动播放文稿

启动 PowerPoint,打开相应的演示文稿,单击"幻灯片放映"选项卡,在功能区中选择"排练计时"命令,进入"排练计时"状态。此时,单张幻灯片放映所耗用的时间和文稿放映所耗用的总时间显示在"预演"对话框中。手动播放一遍文稿,并利用"预演"对话框中的"暂停"和"重复"等按钮控制排练计时过程,以获得最佳的播放时间。播放结束后,系统会弹出一个提示是否保存计时结果的对话框,单击其中的"是"按钮即可保存计时结果。

3) 隐藏部分幻灯片

单击"视图"选项卡,在功能区中选择"幻灯片浏览"命令,切换到"幻灯片浏览"视图状态下。选中需要隐藏的幻灯片,然后右键单击选中的幻灯片,在弹出的快捷菜单中选择"隐藏幻灯片"命令(此时,该幻灯片序号处会出现一个斜杠),如图 5-18 所示。当播放幻灯片时,这些被隐藏的幻灯片不会显示出来。

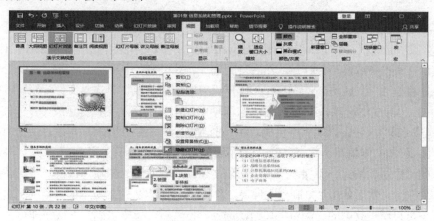

图 5-18　隐藏幻灯片

### 2. 放映技巧

#### 1) 使用指针选项

在放映过程中，可以在演示文稿中画出相应的重点内容：在放映过程中，右键单击幻灯片，在出现的快捷菜单中选择"指针选项"，在"指针选项"的下级菜单中选择"笔"命令，如图5-19 所示，此时鼠标变成一支"笔"，可以在屏幕上随意绘画。也可以在"指针选项"的下级菜单中选择其他的命令，例如，选择"荧光笔"，则鼠标变成了一支"荧光笔"，可以在屏幕上随意绘画。

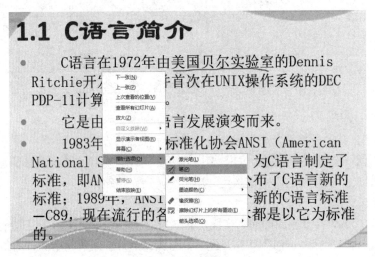

图 5-19　选择"笔"选项

#### 2) 用好快捷键

在演示文稿放映过程中：按 B 或 "." 键可使屏幕暂时变黑(再按一次恢复)；按 W 或 ","键可使屏幕暂时变白(再按一次恢复)；按 E 键可清除屏幕上的画笔痕迹；按 Ctrl+P 快捷键可切换到"画笔"(按 Esc 键取消)；按 Ctrl+H 快捷键可隐藏屏幕上的指针和按钮；同时按住键盘上的左箭头键和右箭头键 2 秒钟，可快速回到第 1 张幻灯片上。

### 3. 打包播放

通常称用于制作演示文稿的计算机为"计算机 A"，用于播放演示文稿的计算机为"计算机 B"。如果"计算机 B"中既没有安装 PowerPoint，又没有安装播放器，可以在"计算机 A"上，将演示文稿的播放器一并打包，然后复制到"计算机 B"中解压之后进行播放。

在"计算机 A"上启动 PowerPoint，打开相应的演示文稿。单击"文件"按钮，单击"文件"下面的 "导出"选项，在右侧出现的选项中单击"将演示文稿打包成 CD"命令，再单击 "打包成 CD"按钮，出现"打包成 CD"对话框，如图 5-20 所示。在该对话框中，在"将CD 命名为："的右侧填写名称，也可以使用系统给的名称"演示文稿 CD"。用户可以使用对话框右侧的"添加"按钮，添加多个演示文稿文件；或者使用"删除"按钮，将已经添加的演示文稿文件删除。然后单击"复制到文件夹…"按钮，出现图 5-21 所示的"复制到文件夹"对话框，用户可以单击其中的"浏览"按钮，选择好位置后，单击"确定"按钮即可。

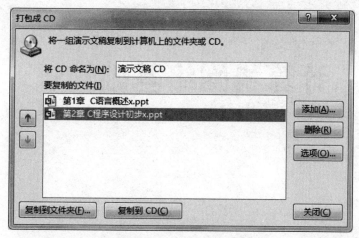

图 5-20　"打包成 CD"对话框

图 5-21　"复制到文件夹"对话框

# 第6章

# 计算机网络基础知识

## 6.1 基本知识点

### 1. 计算机网络基础知识

1) 网络概述

计算机网络就是通过通信线路把地理上分散的多台独立的计算机连接起来，在网络操作系统的支持下，实现资源共享与信息通信的系统。

计算机网络的主要功能为：资源共享、远程通信和均衡负载。

计算机网络按其地域分布的范围主要分为：个人网、局域网、城域网和广域网。

计算机网络由通信子网和资源子网组成。通信子网是指把计算机系统连接起来的数据通信系统，包括通信设备、通信控制软件等；资源子网是指联网的各种计算机系统，主要包括网络服务器及网络终端。

2) 网络拓扑结构

常见的网络拓扑结构有星状结构、环状结构、总线型结构和树状结构。

3) 网络协议

为使网络内的各种计算机实现相互通信而制定的各类标准及规范的总称，称为网络协议。现在的网络协议都采用分层协议。

国际标准化组织(ISO)制定的开放系统参考模型(OSI)共分为7层，即物理层、数据链路层、网络层、传输层、会话层、表示层及应用层。

4) 计算机通信

(1) 调制解调器：发送时实现 D/A 转换，接收时实现 A/D 转换。

(2) 网络适配器：也称网卡，用于处理网络传输介质上的信号，并在网络媒介和计算机之间交换数据。

(3) 传输介质：可分有线介质和无线介质两种。前者主要包括双绞线、同轴电缆及光缆等，而后者包括卫星通信、微波、红外线等。

(4) 互联设备：用于把同一个网络的不同部分连接起来，或连接同种网络或异种网络以形成更大的网络。主要的网络互联设备有网桥、路由器、网关、集线器和交换机。

## 2. Internet 概述

Internet 是 International NetWork 的简称，中文含义为"国际互联网"。是通过 TCP/IP 协议将网络连接起来的全球性计算机网络联合体。

1) Internet 的发展历程

1969 年，美国国防部建成 ARPANET。

1982 年，ARPANET 与 MILNET 合并，构成 Internet 雏形。

1985 年，建成基于 TCP/IP 协议的 NSFNET，成为 Internet 基础。

1983 年，美国政府提出"国家信息基础设施 NII"，1995 年提出"全球信息基础设施 GII"，即所谓的信息高速公路的思想。

2) TCP/IP 协议

TCP/IP 协议集合是 Internet 的通信协议。TCP(传输控制协议)和 IP(互联协议)是 TCP/IP 协议集合中最重要的两个协议。

TCP/IP 协议分 4 层，即物理层、网络层、传输层和应用层。

3) Internet 提供的主要服务

(1) WWW 服务，即所谓的万维网服务，也称为 Web 服务。采用客户端/服务器工作模式。信息资源以网络的形式存储在服务器中，通过客户端的应用程序(浏览器)，向服务器发出请求，服务器根据请求将某个页面返回给客户端，由浏览器再对其进行解释，并最终将从服务器端下载的网页呈现在用户面前。Web 服务器与浏览器进行通信的协议是 HTTP，即超文本传输协议。

(2) 电子邮件服务。

(3) 文件传输服务(FTP)。

(4) 远程登录服务(Telnet)。

(5) 其他服务：如电子公告牌(BBS)、网上搜索。

## 3. Internet 网络

1) IP 地址

Internet 网上的每一台主机(Host)或站点(Site)都有唯一的 IP 地址，用 32 位二进制数表示，即 4 个字节，通常每一个字节用一个十进制数字表示。

IP 地址分为 5 类，其中 A 类、B 类和 C 类的定义如下。

A 类：1.1.1.1~126.254.254.254

B 类：128.1.1.1~191.254.254.254

C 类：192.1.1.1~223.254.254.254

2) 域名

IP 地址比较难记，所以常使用具有一定含义的域名来表示一台主机或站点的地址，由域名系统 DNS 实现域名地址与 IP 地址之间的转换，这给网络用户提供了方便。

域名具有一定的结构，如 tsinghua.edu.cn。其中最右边的 cn 为一级域名，往往代表国家或地区，但对于美国的组织通常省略，在这种情况下，其一级域名就不再表示国家；edu 代表二级域名，常为机构名。

部分一级域名：jp(日本)、ca(加拿大)、uk(英国)、fr(法国)、de(德国)。

常用二级域名：com(商业组织)、edu(教育机构)、net(网络机构)、org(非营利组织)、gov(政府机构)。

3) E-mail 地址

格式：用户名@主机域名。

4) URL 地址

URL(Uniform Resource Locator)，即统一资源定位符，由 3 部分构成：资源类型、存放资源的主机域名和资源文件名。

常见的资源类型如下：

WWW          万维网资源，连接 Web 服务器
FTP          连接 FTP 文件服务器
GOPHER       连接 GOPHER 服务器

### 4. 连接 Internet

1) 接入方式

(1) 终端方式：终端用户没有自己的 IP。

(2) 主机方式：需要一个唯一的 IP 地址。

(3) 网络方式：通过局域网服务器接入 Internet。

2) 拨号入网

这是普通用户通过电话线路上网的常见方式。

入网条件分别如下：

硬件：计算机、Modem 和电话线路。

软件：① 向 Internet 服务提供商(ISP)申请账户、密码。
　　　② 网络工具，如浏览器、下载工具等。

### 5. 浏览器

浏览器的使用方法如下。

(1) 浏览网页：在地址栏中输入某网站的 IP 地址或域名地址。

(2) 使用超链接：当鼠标停留在网页中设置有超链接的位置时，鼠标光标会变成手的形状，单击即可打开与超链接所对应的网页。

(3) 使用收藏夹：对于自己喜欢的网页可放入收藏夹，也可对收藏夹进行整理或删除不想保留的收藏项。

### 6. 使用搜索引擎

搜索引擎是搜索所需信息的主要途径。当用户利用关键字查询时，搜索引擎会显示包含该关键字信息的所有网站，并提供通向这些网站的链接。

常见的中文搜索引擎如下。

百度          http://www.baidu.com
Google        http://www.google.com.hk
360 搜索      https://www.so.com/

搜狗搜索　　　http://www.sogou.com/

### 7. 使用 Outlook

Outlook 是一个功能强大的邮件管理器，也是个人办公常用信息的理想管理器。

1) 发送邮件

启动 Outlook，创建新邮件，在打开的"新邮件"窗口中，输入邮件内容并填写或选择有关项，然后单击"发送"按钮。

如果要传递附件，可通过选择"插入"|"文件附件"命令，然后在打开的对话框中选择欲发送的文件。

2) 接收并查看邮件

在 Outlook 环境中，单击"收件箱"文件夹，则当前账号下的全部邮件都会在窗口中列出，可通过单击或双击邮件列表中的邮件，阅读其内容。

3) 管理邮件

包括分拣、查找、移动及删除邮件等。

### 8. 网页制作

(1) 网页与主页：网页包含文本、图形、超链接以及其他信息元素的文件，通过 Internet 传输，可使用浏览器进行浏览。主页也称为首页，主页是某站点的起始网页，包含一些必要的内容和索引信息。

(2) HTML(Hyper Text Markup Language)：即超文本标记语言，同所有的编程语言一样，HTML 语言也有一套自己的符号和语法约定，但它又不同于一般的编程语言，它只是一些可以由浏览器加以解释，并具有命令标记性质的文本。

(3) Photoshop 是由美国 Adobe 公司推出的目前世界上使用最广泛的平面图像处理软件之一，它和网页图像处理有着密不可分的关系，是最专业、最强大的图像处理软件之一。

(4) Dreamweaver 是目前网页设计的主流软件，是世界上最优秀的可视化网页设计制作工具和网站管理工具之一。该软件提供了完美的网页设计方案，借助该软件，可以快速、轻松地完成设计、开发和维护 Web 应用程序的过程。

## 6.2　重点与难点

1. 计算机网络的概念及网络分类。
2. 网络分层协议；OSI 的 7 层协议；TCP/IP 协议。
3. 电子邮件的概念，电子邮件的收发。
4. 使用常见的 Internet 服务及简单的 Internet 选项设置。
5. 浏览器的使用和简单设置。

## 6.3 习 题

### 6.3.1 单项选择题

1. 计算机网络最主要的功能是_____。

    A. 综合信息服务                       B. 均衡负载与分布处理

    C. 信息传送与集中处理            D. 资源共享

2. 拥有计算机并以拨号方式接入网络的用户需要使用_____。

    A. CD-ROM        B. 鼠标        C. 电话机        D. Modem

3. Internet 上许多不同的复杂网络和许多不同类型的计算机互相通信的基础是_____。

    A. ATM        B. TCP/IP        C. Novell        D. X.25

4. 当网络中任何一个工件站发生故障时,都有可能导致整个网络停止工作,这种网络的拓扑结构为_____结构。

    A. 星状        B. 环状        C. 总线型        D. 树状

5. E-mail 地址的格式为: username@hostname,其中 hostname 为_____。

    A. 用户地址名      B. 某公司名      C. ISP 主机的域名     D. 国家名

6. 计算机网络按距离或规模可分为几类,其中 LAN 是指_____。

    A. 因特网        B. 广域网        C. 城域网        D. 局域网

7. 在 Internet 上,不论距离多么远,人们使用聊天软件_____。

    A. 只能传递语音信号                 B. 只能传递图片材料

    C. 只能传递文字材料                 D. 既可传递语音又可传递视频图像

8. 网络互联的接口设备称为网络互联设备,下面的_____不是网络互联设备。

    A. 路由器     B. 网桥     C. 调制解调器     D. 文件服务器

9. 当有两个以上的同类网络互联时,应该使用_____。

    A. 中继器        B. 网桥        C. 路由器        D. 网关

10. 信息高速公路传送的是_____。

    A. 二进制数据     B. 系统软件     C. 应用软件     D. 多媒体信息

11. 在电子邮件中所包含的信息_____。

    A. 只能是文字                   B. 只能是文字与图形图像信息

    C. 只能是文字与声音信息          D. 可以是文字、声音和图形图像信息

12. 防火墙是一种通过_____来保障网络安全的设备。防火墙一般被配置为拒绝未经确认的访问请求,而允许已确认的访问请求。

    A. 设置网络访问规则                 B. 为服务器设置登录密码

    C. 安装网络专线                     D. 安装无线路由器

13. _____属于计算机网络。

    A. 多用户系统

    B. 若干台能交换信息、有独立功能的计算机相连

C. 并行计算机

D. 激光打印机、扫描仪、绘图仪等和一台微机相连

14. 广域网和局域网是按照_____来分的。

A. 网络使用者 　　　　　　　　　　B. 信息交换方式

C. 网络连接距离 　　　　　　　　　D. 传输控制规程

15. 局域网的拓扑结构主要有_____、环状、总线型和树状 4 种。

A. 星状 　　　　B. T 型 　　　　C. 链型 　　　　D. 关系型

16. 在网上下载的文件大多数属于压缩文件，以下_____类型文件是压缩文件。

A. JPG 　　　　B. AU 　　　　C. ZIP 　　　　D. AVI

17. _____用于异种网络操作系统的局域网之间的连接。

A. 中继器 　　　　B. 网关 　　　　C. 集成器 　　　　D. 网桥

18. 在 Internet 中，用于标识计算机身份的是_____。

A. 计算机名 　　　　　　　　　　B. IP 地址

C. 电子邮件地址 　　　　　　　　D. 该计算机所在的物理地址

19. Internet 的意译是_____。

A. 国际互联网 　　B. 中国电信网 　　C. 中国科教网 　　D. 中国金桥网

20. 下列不属于 Internet 信息服务的是_____。

A. 远程登录 　　B. 文件传输 　　C. 网上邻居 　　D. 电子邮件

21. 因特网起源于_____。

A. 美国 　　　　B. 英国 　　　　C. 德国 　　　　D. 澳大利亚

22. Telnet 的功能是_____。

A. 软件下载 　　B. 远程登录 　　C. WWW 浏览 　　D. 新闻广播

23. 连接到 WWW 页面的协议是_____。

A. HTML 　　　　B. HTTP 　　　　C. SMTP 　　　　D. DNS

24. URL 的意思是_____。

A. 统一资源定位器 　　　　　　　B. Internet 协议

C. 简单邮件传输协议 　　　　　　D. 传输控制协议

25. 在因特网上，用于文件传输服务的是_____。

A. FTP 　　　　B. E-mail 　　　　C. Telnet 　　　　D. WWW

26. 路由器是一种基于存储转发的分组交换设备，路由器工作在_____。

A. 物理层 　　B. 网络层 　　C. 数据链路层 　　D. 传输层

27. 中国公用互联网络，简称为_____。

A. GBNET 　　B. CERNET 　　C. CHINANET 　　D. CASNET

28. TCP/IP 协议中的 TCP 相当于 OSI 中的_____。

A. 应用层 　　B. 网络层 　　C. 物理层 　　D. 传输层

29. 以下因特网网址书写格式不正确的是_____。

A. www.microsoft.com 　　　　　　B. http://www.xx.yy.js.cn

C. http://xx@js.cn 　　　　　　　　D. http://cn.yahoo.com

30. 下述哪个不属于浏览器_____。

    A. Internet Explorer               B. Google Chrome

    C. Edge                            D. Outlook Express

31. 用户若要在因特网上实现电子邮件,需要用户终端机通过局域网或用 Modem 通过电话线连接到_____,它们之间再通过 Internet 相连。

    A. 本地电信局               B. E-mail 服务器

    C. 本地主机                 D. 全国 E-mail 服务中心

32. 电子邮件地址的一般格式为_____。

    A. 用户名@域名             B. 域名@用户名

    C. IP 地址@域名           D. 域名@IP 地址

33. 下列说法错误的是_____。

    A. 电子邮件是 Internet 提供的一项最基本的服务

    B. 电子邮件具有快速、高效、方便、价廉等特点

    C. 通过电子邮件,可向世界上任何一个角落的网上用户发送消息

    D. 电子邮件可发送的只有汉字和图片

34. 当电子邮件在发送过程中有误时,则_____。

    A. 电子邮件将自动把有误的邮件删除

    B. 邮件将丢失

    C. 电子邮件会将原邮件退回,并给出不能送达的原因

    D. 电子邮件会将原邮件退回,但不能给出不能送达的原因

35. 电子邮件的邮箱_____。

    A. 在 ISP 的服务器上          B. 在用户申请的网站的服务器上

    C. 在 Outlook Express 里       D. 在 Outlook Express 所在的计算机里

36. FDDI 网采用_____技术提供高度的可靠性和容错能力。

    A. 令牌环       B. 多级确认       C. 配备冗余交换机      D. 双环结构

37. SMTP 服务器用来_____邮件。

    A. 接收       B. 发送       C. 接收和发送      D. 以上均错

38. 收到一封邮件,再把它发送给别人,一般可以选择_____方式。

    A. 答复       B. 转发       C. 编辑         D. 发送

39. 下面有关转发邮件(Forward),不正确的说法是_____。

    A. 不可以将一封电子邮件转发给多个人

    B. 用户可对原邮件进行添加、修改,或原封不动地将其转发

    C. 若转发时,用户工作在脱机状态,等到联机上网后,还要再重复转发一次才行

    D. 转发邮件是指用户收到一封电子邮件后,再发给其他成员

40. 常用的网页浏览器有微软公司的 IE 浏览器以及 Edge 浏览器、_____公司的 Google Chrome、360 公司的 360 安全浏览器、腾讯公司的 QQ 浏览器,还有很多其他的浏览器。

    A. 苹果       B. 搜狗       C. 谷歌         D. 阿里巴巴

## 6.3.2　多项选择题

1. 计算机网络常用的传输介质有_____。

   A. 光导纤维　　　　　B. 双绞线　　　　　　C. 卫星通信

   D. 基带网　　　　　　E. 公用电话网　　　　F. 同轴电缆

2. 在 Internet 上能够_____。

   A. 查询检索资料　　　B. 视频通话　　　　　C. 货物快递

   D. 传送图片资料　　　E. 收发电子邮件

3. 下列关于局域网拓扑结构的叙述中，正确的有_____。

   A. 星状结构的中心站发生故障时，会导致整个网络停止工作

   B. 环状结构网络上的设备是串联在一起的

   C. 总线型结构网络中，若某台工作站故障，一般不影响整个网络的正常运行

   D. 由于树状结构的数据采用单级传输，所以系统响应速度较快

4. 计算机网络按照拓扑结构，可以分为_____。

   A. LAN　　　　　　　B. 星状结构　　　　　C. MAN

   D. 总线型结构　　　　E. 网状结构　　　　　F. WAN

5. Internet 中提供的常见功能和服务有_____。

   A. E-mail　　　　　　B. Telnet　　　　　　C. Java 语言编译系统

   D. 数据库管理系统　　E. 查询服务　　　　　F. FTP 文件传输服务

6. 下列有关域名和 IP 地址的说法中，正确的是_____。

   A. 接入到 Internet 的计算机 IP 可以随意指定

   B. 计算机的 IP 地址只能是唯一确定的

   C. 对于任何一个 IP 地址，都有一个域名地址与之对应

   D. IP 地址是 32 位的，它的书写形式是每段之间用逗号隔开

7. _____是一个局域网的主要基本组成部分。

   A. 服务器　　　　　　　　　B. 网卡及传输媒介

   C. 工作站　　　　　　　　　D. 网络系统软件

8. 我国的"三金工程"是_____。

   A. 金卡工程　　　　　B. 金卫工程　　　　　C. 金桥工程

   D. 金粮工程　　　　　E. 金税工程　　　　　F. 金关工程

9. 下列有关万维网浏览器的叙述中，正确的有_____。

   A. 万维网浏览器是一个客户端程序

   B. 在万维网浏览器中可以下载文件

   C. 万维网浏览器的主要用途是查询和浏览信息

   D. 在万维网浏览器中可以打印浏览到的文件

   E. 在万维网浏览器中用户可以保存刚访问过的 WWW 网址

  F. 在万维网浏览器中用户可以建立自己的主页

  G. 在万维网浏览器中不能发送 E-mail

 10. Internet 上使用的网络协议 TCP/IP 把 Internet 描述成具有以下_____功能的网络模型。

  A. 物理层     B. 链路层     C. 网络层     D. 会话层

  E. 表示层     F. 应用层     G. 传输层

### 6.3.3 填空题

 1. 在计算机网络的使用中，网络的最显著特点是_____。

 2. 网络中发送、转发或接收数据的设备称为_____，网络节点包括服务器、客户机、智能手机以及其他设备。

 3. 使用计算机网络，人们可以建立网络设备相互间的连接。如果两个网络设备能相互交换数据，则称这两个设备互联了。这些网络设备可以通过有线连接或者_____连接方式访问互联网、共享软件和打印机、发送及接收电子邮件、即时通信等。

 4. 对网络中的其他计算机，可以通过使用 Windows 操作系统的_____来访问其中的信息。

 5. ISO/OSI 参考模型是指国际标准化组织提供的_____系统互联模型。

 6. Internet 上的主机域名与它的 IP 地址的关系是_____对应的。

 7. 电子公告牌的英文缩写是_____。

 8. 网络体系结构中，OSI 的 7 层协议：(1)数据链路层；(2)网络层；(3)表示层；(4)应用层；(5)会话层；(6)物理层；(7)传输层。其由低层到高层排列，依次为_____。

 9. 下载是指从_____上复制文字、图片、声音等信息或软件到本地硬盘上。

 10. 使用电子邮件的前提是要拥有一个_____，国内外提供免费或者付费的电子邮件信箱的网站很多。用户可选择某个网站，登录后注册一个免费或者付费的电子邮件信箱。

### 6.3.4 简答题

 1. 常见的计算机网络拓扑结构有哪几种？

 2. Internet 主要提供哪些服务？

 3. 什么是 TCP/IP？

 4. IP 地址和域名地址有什么联系和区别？

 5. 简述国际标准化组织(ISO)所制定的 OSI 七层模型(即每层是什么)。

## 6.4 习题参考答案

### 6.4.1 单项选择题答案

| | | | | |
|---|---|---|---|---|
| 1. D | 2. D | 3. B | 4. B | 5. C |
| 6. D | 7. D | 8. D | 9. B | 10. A |
| 11. D | 12. A | 13. B | 14. C | 15. A |
| 16. C | 17. B | 18. B | 19. A | 20. C |

| 21. A | 22. B | 23. B | 24. A | 25. A |
| 26. B | 27. C | 28. D | 29. C | 30. D |
| 31. B | 32. A | 33. D | 34. C | 35. A |
| 36. D | 37. C | 38. B | 39. A | 40. C |

### 6.4.2　多项选择题答案

| 1. ABCF | 2. ABDE | 3. ABC | 4. BDE | 5. ABEF |
| 6. BD | 7. ABCD | 8. ACF | 9. ABCDE | 10. ACFG |

### 6.4.3　填空题答案

| 1. 资源共享 | 2. 网络节点 | 3. 无线 |
| 4. 网上邻居 | 5. 开放 | 6. 唯一 |
| 7. BBS | 8. (6)、(1)、(2)、(7)、(5)、(3)、(4) | |
| 9. 远程主机 | 10. 电子邮件信箱 | |

### 6.4.4　简答题答案

(答案省略，请参考教材内容。)

## 6.5　上机实验练习

### 6.5.1　实验一　Internet 的接入

**一、实验目的**

掌握接入 Internet 的方式，熟悉个人入网常见的硬件配置与安装，以便在实际工作中酌情选用。

**二、实验内容**

1. 通过 Modem 以拨号方式连接并登录 Internet。
2. 通过局域网连接并登录 Internet。

**三、实验过程**

**1. 通过 Modem 以拨号方式连接并登录 Internet**

1) 实验配置
硬件：一个 Modem，一根电话线，一台 PC 机。
软件：Modem 驱动程序。
其他：Internet 服务运营商提供的账号及密码。

2) 实验步骤

① 安装 Modem 驱动程序(以安装标准 56000bps 调制解调器为例)

应先将 Modem 与 PC 机、电话线正确连接，保证在不影响语音电话使用的情况下，同时可以通过电话拨号上网。因考虑到这个过程专业性较强，并且向 ISP 申请服务时，服务商一般都会上门接好，以后大多不再需要重新连接，所以在这里对这一过程从略。

步骤1：连接好 Modem 硬件后，第一次启动计算机时，系统会提示发现新硬件；或选择"控制面板"，在查看方式中选择小图标，在图标中找到"电话和调制解调器选项"，在打开的对话框中，设置正确的电话区号及电话属性，并选择"调制解调器"选项卡，如图 6-1 所示。

图6-1　"调制解调器"选项卡

步骤2：单击"添加"按钮，打开如图 6-2 所示的对话框。

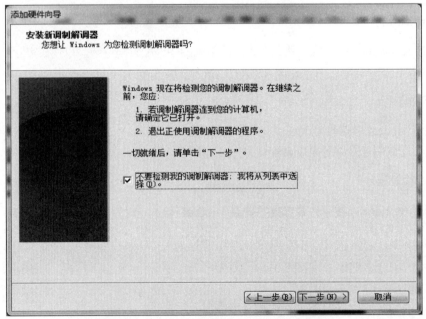

图6-2　安装新的调制解调器——检测调制解调器

步骤 3：在图 6-2 中选中"不要检测我的调制解调器；我将从列表中选择(D)。"复选框，然后单击"下一步"按钮，打开如图 6-3 所示的对话框。

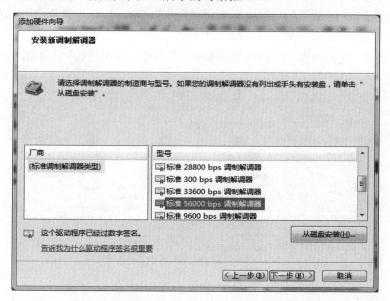

图 6-3　安装新的调制解调器——选择厂商与型号

步骤 4：在"厂商"一栏中选中"(标准调制解调器类型)"，在"型号"一栏中选中"标准56000 bps 调制解调器"，如图 6-3 所示。如果没有列出调制解调器的型号或手头有安装盘，单击"从磁盘安装"按钮；单击"下一步"按钮，打开如图 6-4 所示的对话框。

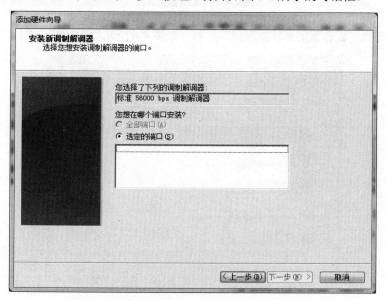

图 6-4　安装新的调制解调器——选择安装端口

步骤 5：选择调制解调器所使用的端口，如果计算机没有串行端口，则端口列表中就没有显示，单击"下一步"按钮，在打开的对话框中单击"完成"按钮，结束安装。

② 创建新的连接

如果在安装操作系统时没有安装"通讯"中的"拨号网络"组件，应先将操作系统安装盘放入光驱，选择"控制面板"的"添加/删除程序"中的"Windows 安装程序"选项卡，安装相应的组件。在此，假设已经安装了该组件。

步骤 1：选择"控制面板" | "网络和共享中心"命令，所出现的界面如图 6-5 所示。

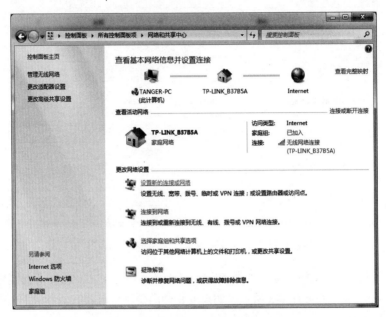

图 6-5　网络和共享中心

步骤 2：选择"设置新的连接或网络"，打开如图 6-6 所示的对话框，选择连接类型。

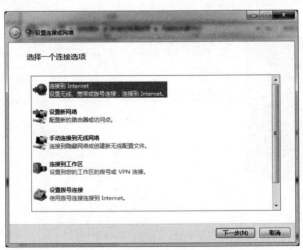

图 6-6　"设置连接或网络"对话框

步骤 3：选择"连接到 Internet"，单击"下一步"按钮，如果计算机已经连接到互联网，则会提示如图 6-7 所示的信息。

步骤 4：单击"仍要设置新连接"，打开如图 6-8 所示的对话框。

图 6-7 连接到 Internet

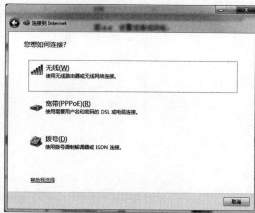

图 6-8 选择连接方式

步骤 5：可根据从 ISP 获取的实际接入方式选择电话拨号、xDSL 或 LAN，在此假设是 ADSL 接入方式，这也是现在最普遍的个人 Internet 接入方式，这里选择宽带(PPPoE)，设置完毕后，单击"下一步"按钮，打开如图 6-9 所示的对话框。

步骤 6：填入正确的账户信息后，单击"下一步"按钮，查看并确认信息无误后，单击"连接"按钮，系统会开始尝试连接，如图 6-10 所示。

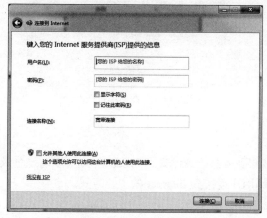

图 6-9 Internet 账户信息

图 6-10 尝试连接到互联网

步骤 7：如果账户信息填写错误，则连接出错，如图 6-11 所示，这时需要仔细检查所填写的信息。如果连接成功，就可以开始访问互联网。

③ 使用新建连接登录 Internet

步骤 1：选择"开始"｜"连接到"中已创建的连接，如 ADSL，打开如图 6-12 所示的对话框，在"密码"文本框中输入相应的密码。为了在下一次连接时不必重新输入密码，可选中"为下面用户保存用户名和密码："复选框，再根据需要选择下面单选按钮中的一个。

步骤 2：单击"连接"按钮，打开如图 6-13 所示的对话框，如果设置正确，将在显示成功连接的信息后，接入 Internet。

图 6-11　连接到互联网未成功

图 6-12　连接对话框

图 6-13　正在连接对话框

## 2. 通过局域网连接并登录 Internet

如果计算机正与某个局域网相连，而局域网的服务器已经连接到 Internet，则可以通过登录局域网服务器的方式接入 Internet，这也是局域网用户连接到 Internet 的主要方式。

1) 实验配置

硬件：已连入 Internet 的一台服务器，网络适配器，集线器，网络终端，网线若干。

软件：网卡驱动程序。

其他：服务器 IP 地址及 DNS，终端 IP 地址。

2) 实验步骤

步骤 1：在网络终端上装配网卡，并安装正确的驱动程序。

步骤 2：正确连接各网络硬件，确保相关协议已安装，如图 6-14 所示。

步骤 3：选择"Internet 协议(TCP/IP)"选项，并单击"属性"按钮，打开如图 6-15 所示的对话框。

步骤 4：根据所分配的 IP 地址，正确填入本地机 IP 地址及 DNS，或选中"自动获得 IP 地址""自动获得 DNS 服务器地址"单选按钮，一切设置正确后，即可通过该连接接入 Internet。

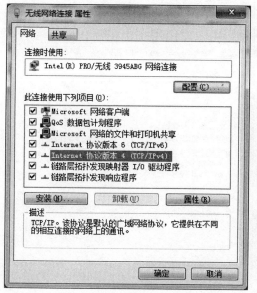
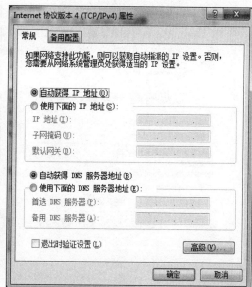

图 6-14　连接网络硬件并安装相关协议　　　图 6-15　Internet 协议(TCP/IP)属性

## 6.5.2　实验二　Internet Explorer 10 的使用及常见设置

### 一、实验目的

掌握使用 Internet Explorer 10 浏览网页的方法，并熟悉其常用设置项的设置。

### 二、实验内容

1. 配置 Internet Explorer 10。
2. 使用 Internet Explorer 10 浏览网页。

### 三、实验过程

在正确设置 Internet 连接后，就可以使用 Windows 操作系统中的浏览器 Internet Explorer 来浏览网页了。但为了更好、更方便地在网上冲浪，往往需要一些个性化的设置，所以对浏览器进行适当的配置也是必不可少的。

### 1. 配置 Internet Explorer 10

步骤 1：按以下方法之一打开 "Internet 选项" 对话框。

(1) 在 "开始" 菜单中，选择 "控制面板" | "网络和共享中心" | "Internet 选项" 命令。

(2) 在 Internet Explorer 10 的窗口中，选择 "工具" 图标 ⚙ | "Internet 选项" 菜单项。

步骤 2：选择 "常规" 选项卡，在 "地址" 栏中设置每一次启动 Internet Explorer 10 时自动打开并浏览的主页的 URL，如 http://www.zjou.edu.cn，如图 6-16 所示。

步骤 3：选择 "连接" 选择卡，打开如图 6-17 所示的对话框。如果是拨号上网，则在 "拨号和虚拟专用网络设置" 选项组中选择已经建立好的 "拨号连接"，或单击 "添加" 按钮重新建立新的连接；如果通过局域网登录 Internet，则单击 "局域网设置" 按钮，可以继续进行局域网的设置。

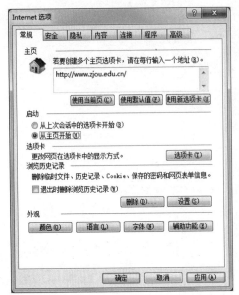

图 6-16　Internet 选项——"常规"选项卡

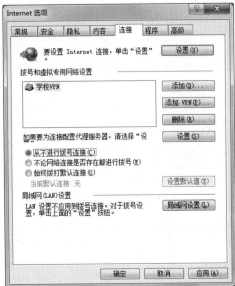

图 6-17　Internet 选项——"连接"选项卡

步骤 4：选择"程序"选项卡，打开如图 6-18 所示的对话框，可以对 HTML 编辑器、电子邮件等内容进行设置，一般保持默认值。

步骤 5：选择"高级"选项卡，打开如图 6-19 所示的对话框，在该对话框中可以对浏览器进行个性化的设置。

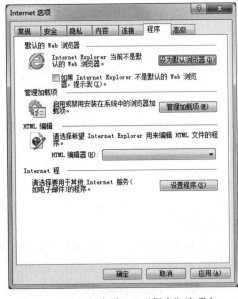

图 6-18　Internet 选项——"程序"选项卡

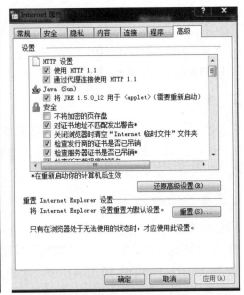

图 6-19　Internet 选项——"高级"选项卡

### 2. 使用 Internet Explorer 10 浏览网页

在进行网络拨号或局域网登录后，就可以使用安装及配置好的浏览器 Internet Explorer 10 进行网上浏览了，具体步骤如下。

步骤 1：在本机已经连接到因特网的情况下，双击桌面上的 Internet Explorer 图标，打开 Internet Explorer 默认网页，如图 6-20 所示。

图 6-20　使用 Internet Explorer 浏览默认网页

步骤 2：对于主页中有超链接的地方，将鼠标移至相应位置，鼠标指针会变成手形，此时单击鼠标左键，即可转向相应的网页。

步骤 3：若想浏览某一 Web 页，可直接在地址栏中输入目的主页的 URL，如 www.sina.com，输入完成后，按回车键即可进入指定的网页进行浏览。

步骤 4：可以把正在浏览的网页保存起来，以便在脱机的情况下浏览该网页，这对于拨号上网的用户尤其适用。可以选择"文件"|"另存为"菜单命令，在打开的"另存为"对话框中，可以对文件名、保存位置及保存的文件类型进行设置，然后单击"保存"按钮。

步骤 5：如果对网页的图片感兴趣，也可以将它保存下来。先将鼠标移至要保存的图片，右击，在打开的快捷菜单中选择"图片另存为"命令，打开"另存为"对话框，其后的操作方式同步骤 4。

步骤 6：当在浏览的过程中碰上自己喜爱的网站时，也可以将它加入到收藏夹。以 www.hao123.com 为例，首先打开该网页，再选择"收藏"图标☆|"添加到收藏夹"选项，弹出如图 6-21 所示的对话框。在其中选择好网址的保存地址，并在"名称"文本框中输入自己认为合适的一个名字(如"网址之家")后，单击"添加"按钮，当前网页即被添加到收藏夹中。此后，就可以直接通过单击收藏图标命令，选择相应的选项来实现对该网页的浏览。

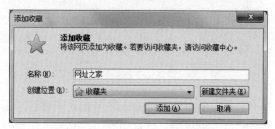

图 6-21　把喜爱的网页添加到收藏夹

### 6.5.3 实验三 电子邮件的发送与接收

**一、实验目的**

1. 掌握电子邮箱的申请方法。
2. 掌握收发邮件的方法。

**二、实验内容**

1. 申请电子邮箱。
2. 登录电子邮箱。
3. 发送电子邮件。
4. 接收及查看电子邮件。

**三、实验过程**

**1. 申请一个免费的电子邮箱**

说明：在网上拥有一个免费的电子邮箱对大多数人来说都是必需的。下面以申请 163 邮箱账号为例，介绍免费邮箱的申请过程。

步骤 1：打开 Internet Explorer，在地址栏中输入 mail.163.com，进入相应的主页，如图 6-22 所示。

图 6-22　进入 163 邮箱服务器主页

步骤 2：如果已有 163 账号，就可以直接输入账号和密码进行登录，否则单击"注册网易邮箱"链接，打开账户注册网页，根据提示信息填充一些必要的用户资料，如图 6-23 所示。

步骤 3：单击"立即注册"按钮，在经过系统的检验无误后，系统会给出相应的提示，即表示申请邮箱成功，如图 6-24 所示。

图 6-23　账户注册

图 6-24　账户注册成功

## 2. 登录电子邮箱

电子邮箱申请成功之后，在发送或接收电子邮件之前需要首先登录电子邮箱。登录电子邮箱需要知道电子邮件账号和电子邮件密码。

步骤 1：打开提供电子邮件服务的网页，例如 mail.163.com，进入网站的主页，如图 6-22 所示。

步骤 2：输入电子邮件账号和电子邮件密码，单击"登录"按钮。若电子邮件账号和电子邮件密码正确，则可进入邮箱，如图 6-25 所示；否则需要重新输入账号或密码。

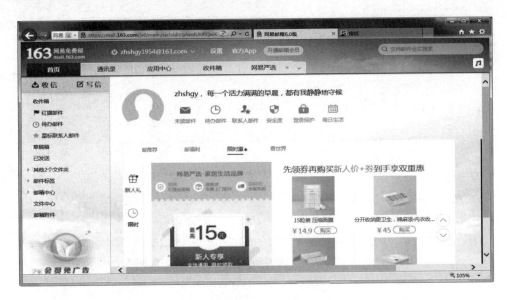

图 6-25  "登录"成功,进入邮箱

### 3. 发送电子邮件

"登录"邮箱成功后,就可以发送电子邮件了。

操作方法是:"登录"邮箱成功,出现图 6-25 所示的窗口后,单击左侧的"写信"按钮,出现如图 6-26 所示的窗口。然后,在"收件人"的后面输入收件人的邮箱地址,例如 584869986@qq.com,在"主题"的后面输入本次邮件的主题,在窗口下面的编辑区中输入邮件的内容,如图 6-26 所示。邮件内容编辑完毕,检查无误后,单击上面的"发送"按钮,即可将电子邮件发送给收件人了。

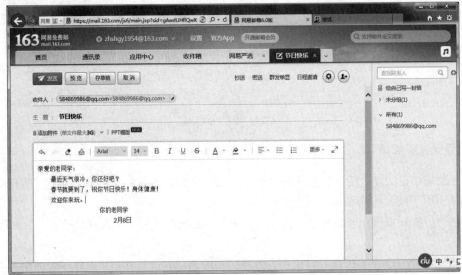

图 6-26  输入待发送邮件的相关信息

如果编辑完邮件内容后,还想同时将该邮件"抄送"或"密送"给其他收件人,可单击"抄送"或"密送"按钮，输入他们的邮箱地址。

单击"发送"按钮，若成功发送电子邮件，则出现图 6-27 所示的窗口。用户可选择"继续写信"或"查看已发邮件"或"返回收件箱"等操作。

图 6-27　成功发送电子邮件

发送电子邮件时，可以添加附件，附件可以是文件或图片等内容。在图 6-26 中，单击"主题"下面的"添加附件"按钮，按提示进行操作，即可添加附件。当发送电子邮件时，所添加的附件会一起发送过去。

### 4. 接收及查看电子邮件

"登录"邮箱成功后，就可以接收及查看电子邮件了。

操作方法是："登录"邮箱成功，出现图 6-25 所示的窗口后，单击左侧的"收件箱"，出现图 6-28 所示的窗口。在该窗口中，可以看到收件箱中各个信件的发件人、主题和发件日期和时间等信息。

图 6-28　打开收件箱

若要查看某一封电子邮件的具体内容，例如查看图 6-28 所示的收件箱中主题为"填空题"的电子邮件，可单击主题为"填空题"的邮件，打开该邮件后即可查看其中的具体内容，如图 6-29 所示。

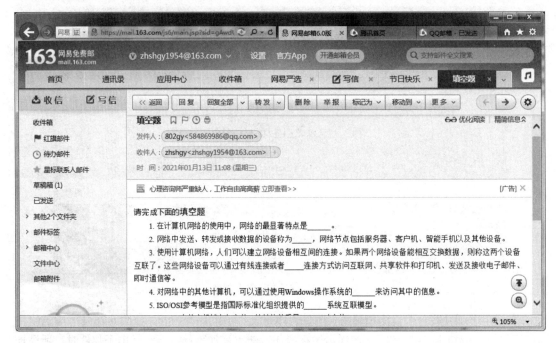

图 6-29　查看某一封电子邮件的具体内容

## 6.5.4　实验四　搜索引擎的使用

### 一、实验目的

1. 掌握搜索引擎的基本使用方法。
2. 了解常见的搜索引擎。

### 二、实验内容

1. 搜索引擎的基本使用步骤。
2. 常见的搜索引擎。

### 三、实验过程

#### 1. 搜索引擎的基本使用步骤

Internet 的信息量极大，若要从庞大而繁杂的信息中找到感兴趣的内容，是一件极复杂而又颇费精力的事情，借助于搜索引擎查找信息是最常见的一种方式。

一般而言，常用的搜索引擎是一些大型网站的主页，可以通过输入关键词来查询自己感兴趣的信息，下面以"百度"为例介绍使用搜索引擎的基本过程。

步骤 1：启动 IE，在地址栏中输入网址 http://www.baidu.com，打开如图 6-30 所示的网页。

图 6-30　搜索引擎主页

步骤 2：在"百度一下"按钮左侧的编辑框中填入需要搜索的关键词，如"钟南山院士"，单击"百度一下"按钮，则可进行网上搜索，搜索结果如图 6-31 所示。

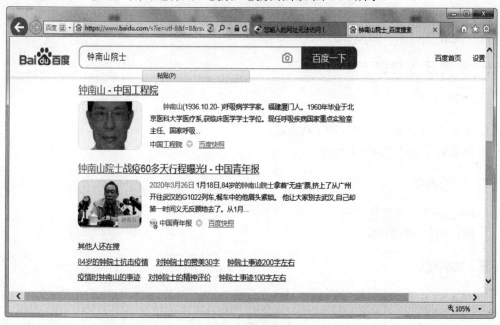

图 6-31　搜索结果

步骤 3：为加快搜索进程，可以对搜索的网站加以限制，在图 6-30 中单击右上侧的"设置"按钮，出现下拉菜单后，选择"搜索设置"，如图 6-32 所示。可以选择"搜索语言范围""搜索结果显示条数"等内容，对搜索内容进行限制，不同的搜索引擎其限制不尽相同。单击右上侧的"设置"按钮，出现下拉菜单后，也可以选择菜单的其他项，对其他项进行设置。

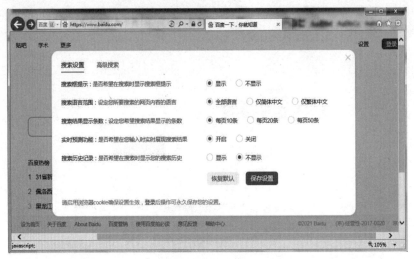

图 6-32　搜索设置

步骤 4：在搜索到的结果中选择某一项，即可登录该网站，浏览搜索到的内容。

### 2. 常见的简体中文搜索引擎网址

百度　　　　　　　http://www.baidu.com
360 搜索　　　　　http://www.so.com/
搜狗搜索　　　　　http://www.sogou.com/

## 6.5.5　实验五　文件的下载

### 一、实验目的

1. 掌握 Internet 中各类文件的下载方法。
2. 熟悉对下载对象的常见处理。

### 二、实验内容

1. Internet 中普通文件的下载。
2. 网页中各种对象的下载。

### 三、实验过程

#### 1. Internet 中普通文件的下载

Internet 作为一个巨大的信息库，其中绝大部分资源都是以文件的形式保存在网络中的各类服务器上，以供需要这些资源的网络用户从中选择下载。下面以下载著名作家路遥的作品《平凡的世界》为例讲解文件下载的一般过程。

步骤 1：运行 IE，输入相应的网址，打开要下载的文件所在的网页。或者通过搜索引擎进行搜索，搜索内容为"路遥《平凡的世界》"，屏幕上会出现许多搜索出的网站链接，从中选择一个打开并进行下载操作。

步骤 2：找到网页上的下载位置，单击"rar 格式下载"，下载完成后，会在浏览器底部弹出提示框"平凡的世界.rar 下载已完成。"，提示框右侧有几个按钮，如图 6-33 所示。

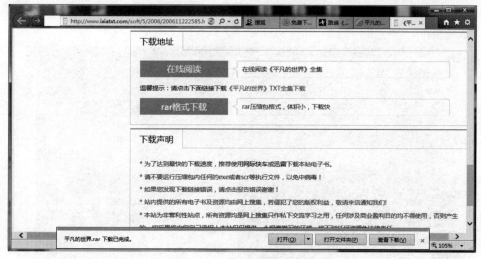

图 6-33　"文件下载"提示框

步骤 3：可单击"打开"按钮，将"平凡的世界.rar"打开，解压缩后保存到磁盘的某个文件夹中，例如，存放到桌面上。

### 2. 网页中各种对象的下载

浏览网页时经常会碰到符合自己心意的网页或图片，可以使用下面的方法将其保存起来，以备需要时使用。

1) 保存 Web 页

步骤 1：使用 IE 打开感兴趣的网页，如 http://www.zjccet.com/。

步骤 2：单击 IE 右上角的"工具"图标，选择其中的"文件"选项，出现下拉菜单后单击"另存为"命令，弹出如图 6-34 所示的对话框。

图 6-34　"保存网页"对话框

步骤 3：设置好对话框中的各项后，单击"保存"按钮即可。

2) 保存网页中的图片

步骤 1：在打开的网页中，将鼠标光标悬停在要保存的图片之上，右键单击，打开如图 6-35 所示的快捷菜单。

图 6-35　图片的快捷菜单

步骤 2：选择快捷菜单上的"图片另存为"选项，打开如图 6-36 所示的对话框。

步骤 3：设置对话框中的各项，并单击"保存"按钮。

图 6-36　"保存图片"对话框

## 6.5.6　实验六 Dreamweaver 文本及图像的操作

### 一、实验目的

创建文本及对文本进行格式化，插入图像及对图像进行格式化是网页制作中最基本的操作。通过本章的学习，掌握这些网页制作中的基本操作，以便深入学习 Dreamweaver 的其他高级操作。

## 二、实验内容

1. 文本的输入及文本的格式化。
2. 在网页中插入背景图像。

## 三、实验过程

在安装了 Dreamweaver CS4 并进行正确设置后，就可以开始创建最基本的网页了。而文本和图像无疑是所有网页中最常见的组成元素。下面介绍如何在网页中加入文本及相关图像。

### 1. 文本的输入及文本的格式化

说明：下面以岳飞的《满江红》词为例创建第一个以文本为主的网页。

步骤 1：启动 Dreamweaver CS4，选择"文件"｜"新建"｜"空白网页"命令，页面类型选择 HTML，布局设置为<无>，单击"创建"按钮，在"设计"视图中输入《满江红》词，如图 6-37 所示。

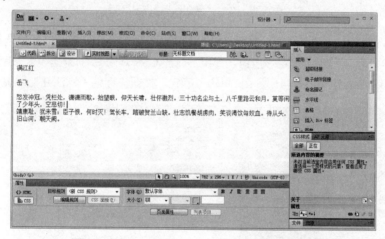

图 6-37　在 Dreamweaver CS4 设计视图中输入文字

步骤 2：选中文字"满江红"，执行"格式"｜"段落格式"｜"标题 1"命令，结果如图 6-38 所示。

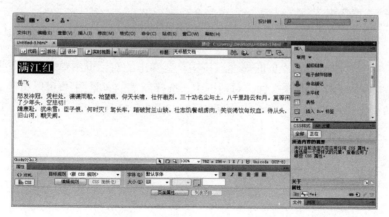

图 6-38　设置文字"满江红"为标题 1

步骤 3：选中文字"满江红"，执行"格式"|"对齐"|"居中对齐"命令，结果如图 6-39 所示。

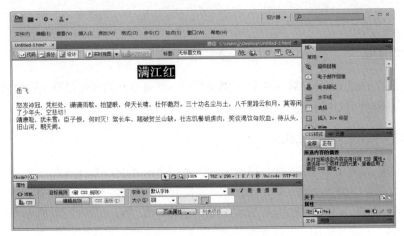

图 6-39　文字"满江红"为居中对齐

步骤 4：选中文字"满江红"，执行"格式"|"颜色"命令，在弹出的颜色选择框中选择红色，如图 6-40 所示，单击"确定"按钮。弹出"新建 CSS 规则"对话框，在"选择器名称"输入框中输入 poemHead，如图 6-41 所示，单击"确定"按钮，标题"满江红"即被修改为红色。

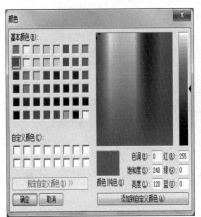

图 6-40　选择颜色

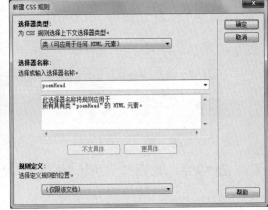

图 6-41　"新建 CSS 规则"对话框

步骤 5：单击属性栏中的"页面属性"按钮，在弹出的对话框中单击"背景图片"右侧的"浏览"按钮，在"选择图像源文件"对话框中，选择所需的背景图片(可以自己从网上搜索合适的图片作为背景图片)，单击"确定"按钮，结果如图 6-42 所示。

图 6-42 添加背景图片

# 第 7 章
# 数据库基础与 Access 2016

## 7.1 基本知识点

### 1. 数据库技术概述

(1) 数据是记载客观事物的性质、状态以及相互关系等的符号或符号组合，是信息的表示形式。在计算机系统中，数据以二进制的形式表示。

(2) 数据库是长期存储在计算机外存中的、有组织的、可共享的数据集合。数据是数据库中存储的基本对象。

(3) 数据库管理系统(DBMS)是位于用户与操作系统之间的一层数据管理软件，其主要功能包括：数据定义功能，数据操纵功能，数据库的运行管理功能，数据的组织、存储和管理功能以及数据库的维护功能。

(4) 数据管理技术的产生与发展：使用计算机后，随着数据处理量的增长，产生了数据管理技术。数据管理技术的发展经历了 3 个阶段：人工管理阶段、文件系统阶段、数据库系统阶段。

(5) 数据库系统阶段的 4 个特点：采用复杂的结构化的数据模型、较高的数据独立性、最低的冗余度、数据控制功能。

### 2. 数据模型

(1) 数据模型是对现实世界数据特征的抽象，是用来描述数据的一组概念定义。它是构造数据时所遵循的规则以及对数据所能进行操作的总和，是数据库技术的关键。数据模型包括 3 部分：数据结构、数据操作和数据的完整性约束。

(2) 概念模型是从现实世界到计算机世界的一个中间层次，是现实世界到信息世界的一种抽象，它不依赖于具体的计算机系统。概念模型的一些概念包括实体、属性、域、实体型、实体集、联系等。概念模型常用的表示方法是 E-R 模型。

(3) 数据库领域中，数据模型有层次模型、网状模型、关系模型和面向对象数据模型。关系模型是目前最常用的一种数据模型。

### 3. 数据库系统

(1) 引入数据库以后的计算机系统称为数据库系统，它提供了对数据进行存储、管理、处理和维护等功能。数据库系统由以下几个部分组成：

① 数据库；

② 数据库管理系统；

③ 计算机硬件及相关软件；

④ 用户包括数据库管理员(DBA)、应用系统开发人员、终端用户。

(2) 现有的数据库系统的结构是三级模式和二级映射结构。三级模式由模式、外模式和内模式组成，二级映射由外模式——模式映像、内模式——模式映像组成。

(3) 数据库系统的外部体系结构：集中式系统、个人计算机系统、客户端/服务器系统、分布式系统和浏览器/服务器系统。

### 4. 关系数据库的基本概念

(1) 关系模型是一种以关系数学理论为基础构造的数据模型。在关系模型中，用由行、列组成的二维表来描述现实世界中的事物以及事物之间的联系。

一个关系对应一张二维表，表名即为关系名；表中的每一行称为一个元组；表中的每一列称为一个属性，每个属性都有属性名。

(2) 关系模型的特点如下。

① 关系中的每一个属性都是不可再分的基本数据元素；

② 关系中的每一个元组都具有相同的形式；

③ 关系模式中的属性个数是固定的，每一个属性都要命名，在同一个关系模式中，属性名不能重复；

④ 任何两个元组都不相同；

⑤ 属性的先后次序和元组的先后次序是无关紧要的。

(3) 关系有许多运算，其中 3 种基本运算是选择、投影和连接。

(4) 利用关系模型来组织数据的数据库称为关系型数据库，而管理关系数据库的软件称为关系数据库管理系统。

在关系数据库中，对数据的操作几乎全部建立在一个或多个关系表上，通过对这些关系表进行分类、合并、连接或选取等运算来实现数据的管理。

(5) 关系数据库中常用的术语有字段、记录、表和联系等，对数据库关系表中信息的基本操作包括选择、投影和连接。

### 5. 常见的关系数据库产品

(1) 管理关系数据库的软件称为关系数据库管理系统。关系数据库管理系统是被公认为最有前途的一种数据库管理系统，目前已成为占据主导地位的数据库管理系统。

(2) 大型数据库管理系统软件，如 Oracle、SQL Server、DB2、Sybase 等。

(3) 中小型数据库管理系统软件，如 Informix、MySQL 和 MS Access 等。

#### 6. 创建数据库

1) 通过模板快速创建数据库

(1) 启动 Access 2016。

(2) 单击"新建"按钮,从列出的模板中选择一个模板,例如"联系人"模板,单击选中的模板后,会出现一个窗口。

(3) 在窗口右侧的"文件名"文本框中输入数据库文件名。

(4) 单击"创建"按钮,完成数据库的创建。

2) 创建空白数据库

(1) 启动 Access 2016。

(2) 单击"新建"按钮,在屏幕上单击"空白数据库",会出现一个窗口。

(3) 在窗口右侧的"文件名"文本框中输入数据库文件名。

(4) 单击"确定"按钮,开始创建空白数据库。

#### 7. 创建数据表

(1) 在 Access 2016 数据表中,每个字段的可用属性取决于为该字段选择的数据类型,Access 2016 中的字段采用的数据类型主要如下:文本、备注、数字、日期/时间、货币、自动编号、是/否、OLE 对象、超链接、附件、计算和查阅向导。

(2) 表结构的设计包括:字段名称、字段类型、字段大小、字段的其他属性。

(3) 创建表:通过数据表视图创建表、通过设计视图创建表、通过数据导入创建表。

#### 8. 表操作

打开数据库,从导航窗格中打开需要添加记录的表,可以进行添加记录、删除记录、查找和替换记录、排序记录和筛选记录等操作。

#### 9. 建立表之间的关联

(1) 为了保证表中的每条记录具有唯一性,可以通过对字段设置主键来进行约束,Access 2016 不允许在主键字段中输入重复或空值(NULL),主键可以由一个或多个字段组成,主键的基本类型包括自动编号主键、单字段主键、多字段主键 3 种。

(2) 主键的创建和删除。

(3) 索引对表中的数据提供了逻辑排序,可以提高数据的访问速度。

(4) 创建索引并设置索引的各项属性,包括索引名称、索引字段、排序次序和是否主索引、是否唯一索引、是否忽略空值等。

(5) 表间关联的类型:一对一关联;一对多关联。

(6) 建立表间的关联。

#### 10. 创建查询

(1) 查询就是根据给定的条件从数据库的一个或多个表中筛选出符合条件的记录,构成一个数据集合,而这些提供数据的表就被称为查询的数据来源。

(2) 常见的查询类型包括选择查询、交叉表查询、参数查询、操作查询和 SQL 查询。

(3) 使用向导创建查询。

(4) 在设计视图中创建查询、编辑查询等。

### 11. 创建窗体、报表

(1) 窗体提供了一个友好的交互界面，主要用于输入和显示数据的数据库对象。

在 Access 2016 中，创建窗体有多种方法，使用窗体向导创建窗体时，会对创建的每个环节进行提示，只需进行简单的设置就能创建一个窗体。

(2) 报表是数据库的一种对象，报表可以显示和汇总数据，并可以根据用户的需求打印输出格式化的数据信息。

Access 2016 主要提供了 3 种创建报表的方式：空报表、报表向导、报表设计。通过向导创建报表是最常用的一种方式。

## 7.2 重点与难点

### 1. 重点

(1) 数据、数据库、数据库管理系统及数据库系统的基本概念。

(2) 数据模型、概念模型、E-R 模型、层次模型、网状模型。

(3) 数据库技术的 3 个发展阶段的特点。

(4) 关系模型和关系数据库的基本概念。

(5) 常见的关系数据库产品。

(6) 数据库的创建和基本操作。

(7) 表的创建和基本操作。

(8) 表间关联的意义和创建。

(9) 表数据查询的概念。

(10) 查询的创建和操作。

(11) 使用向导创建窗体和报表。

### 2. 难点

(1) 数据模型与概念模型的概念。

(2) 关系模型的概念。

(3) 索引的概念和创建。

(4) 表间关联的类型。

(5) 查询的概念和创建。

## 7.3 习　题

### 7.3.1　单项选择题

1. 关于数据与信息，下面说法正确的是_____。
   A. 信息与数据只有区别，没有联系　　　B. 数据就是信息
   C. 数据处理本质上就是信息处理　　　　D. 数据与信息没有区别

2. 数据库中的数据和信息具有_____属性。
   A. 可存储、可加工、可传递和可再生
   B. 可感知、可替代、可加工、可传递和可再生
   C. 可感知、可存储、可替代和可传递
   D. 可感知、可存储、可传递和可替代

3. 关于"黄蓉的高等数学 89 分""黄蓉""高等数学"和"89"的正确说法是____。
   A. "黄蓉的高等数学 89 分"是信息，其中只有"89"是数据
   B. "黄蓉""高等数学""89"和"黄蓉的高等数学 89 分"都是信息
   C. "黄蓉的高等数学 89 分"是信息，"黄蓉""高等数学"和"89"都是数据
   D. "黄蓉""高等数学""89"和"黄蓉的高等数学 89 分"都是数据

4. 文件系统与数据库系统的重要区别是数据库系统具有_____。
   A. 数据共享性　　　B. 数据无冗余　　　C. 数据结构化　　　D. 数据独立性

5. 在数据库中存储的是_____。
   A. 数据　　　　　　　　　　　　B. 信息
   C. 数据和信息　　　　　　　　　D. 数据以及数据之间的联系

6. DB、DBS 和 DBMS 三者的关系是_____。
   A. DB 包括 DBS 和 DBMS　　　　　B. DBS 包括 DB 和 DBMS
   C. DBMS 包括 DB 和 DBS　　　　　D. DBS 和 DBMS 包括 DB

7. 数据库管理系统 DBMS 是_____。
   A. 一个必须依托计算机软硬件支撑的完整的数据库应用系统
   B. 一个必须依托 OS 运行的用于管理数据库的软件
   C. 一个可以摆脱 OS 运行的用于管理数据库的软件
   D. 一个必须依托计算机软硬件支撑的数据库系统

8. 常用的关系数据库管理系统有_____。
   A. Oracle、Access、PowerBuild 和 SQL Server
   B. DB2、Access、Delphi 和 SQL Server
   C. Oracle、Sybase、Informix、Visual FoxPro
   D. PowerDesigner、Sybase、Informix、Visual FoxPro

9. 关于 E-R 实体联系模型的叙述，不正确的是_____。

    A. 实体型用矩形表示、属性用椭圆形表示、联系用无向边表示

    B. 实体之间的联系通常有：1∶1、1∶n 和 m∶n 三类

    C. 实体型用矩形表示、属性用椭圆形表示、联系用菱形表示

    D. 联系不仅存在于实体之间，也存在于实体内部

10. 在下列关于关系表的陈述中，错误的是_____。

    A. 表中任意两行的值不能相同     B. 表中任意两列的值不能相同

    C. 行在表中的顺序无关紧要     D. 列在表中的顺序无关紧要

11. 支持数据库各种操作的软件系统是_____。

    A. 数据库管理系统     B. 文件系统     C. 数据库系统     D. 操作系统

12. 在关系数据库中，用来表示事物与事物之间联系的是_____。

    A. 层次结构     B. 网状结构     C. 链表结构     D. 二维表格

13. 一个关系数据库的表中有多条记录，记录之间的相互关系是_____。

    A. 前后顺序不能任意颠倒，一定要按照输入的顺序排列

    B. 前后顺序可以任意颠倒，不影响数据库中的数据关系

    C. 前后顺序可以任意颠倒，但是排列顺序不同，统计处理结果可能不同

    D. 前后顺序不能任意颠倒，一定要按照主键取值的顺序排列

14. DBMS 中数据库数据的检索、插入、修改和删除操作的功能称为_____。

    A. 数据操作     B. 数据控制     C. 数据管理     D. 数据定义

15. 在 Access 中，表和数据库的关系是_____。

    A. 一个数据库可以包含多个表     B. 一个表只能包含两个数据库

    C. 一个表可以包含多个数据库     D. 一个数据库只能包含一个表

16. 关系数据库管理系统能实现的专门关系运算包括_____。

    A. 排序、索引和统计     B. 选择、投影和连接

    C. 关联、更新和排序     D. 显示、打印和制表

17. 在 E-R 图中，用来表示实体联系的图形是_____。

    A. 椭圆形     B. 矩形     C. 菱形     D. 三角形

18. 常见的数据模型有 3 种，它们是_____。

    A. 网状模型、关系模型和语义模型     B. 层次模型、关系模型和网状模型

    C. 环状模型、层次模型和关系模型     D. 字段名、字段类型和记录

19. 用二维表来表示实体及实体之间联系的数据模型是_____。

    A. 实体-联系模型     B. 层次模型     C. 网状模型     D. 关系模型

20. 数据模型反映的是_____。

    A. 事物本身的数据和相关事物之间的联系     B. 事物本身所包含的数据

    C. 记录中所包含的全部数据     D. 记录本身的数据和相关关系

21. 下列不属于 Access 对象的是_____。

    A. 表　　　　　　　B. 文件夹　　　　　C. 窗体　　　　　　D. 查询

22. Access 数据库的各对象中，实际存放数据的地方只有_____。

    A. 表　　　　　　　B. 查询　　　　　　C. 窗体　　　　　　D. 报表

23. 利用 Access 创建的数据库文件，其扩展名为_____。

    A. .accdb　　　　　B. .dbf　　　　　　C. .frm　　　　　　D. .mdb

24. 数据表中的"行"称为_____。

    A. 字段　　　　　　B. 数据　　　　　　C. 记录　　　　　　D. 数据视图

25. 数据类型是_____。

    A. 字段的另一种说法

    B. 决定字段能包含数据的设置

    C. 一类数据库应用程序

    D. 一类用来描述 Access 表向导允许从中选择的字段名称

26. 对数据表结构进行修改，主要是在数据表的_____视图中进行的。

    A. 数据表　　　　　　　　　　　　B. 数据透视表

    C. 设计　　　　　　　　　　　　　D. 数据透视图

27. 如果字段内容为声音文件，则该字段的数据类型应定义为_____。

    A. 文本　　　　　　B. 备注　　　　　　C. 超链接　　　　　D. OLE 对象

28. 在 Access 中，被查询的数据源可以是_____。

    A. 表　　　　　　　B. 查询　　　　　　C. 表和查询　　　　D. 表、查询和报表

29. 下列关于查询的叙述，正确的一项是_____。

    A. 只能根据数据表创建查询　　　　B. 只能根据已建查询创建查询

    C. 可以根据数据表和已建查询创建查询　　D. 不能根据已建查询创建查询

30. Access 支持的查询类型有_____。

    A. 选择查询、交叉表查询、参数查询、SQL 查询和操作查询

    B. 基本查询、选择查询、参数查询、SQL 查询和操作查询

    C. 多表查询、单表查询、交叉表查询、参数查询和操作查询

    D. 选择查询、统计查询、参数查询、SQL 查询和操作查询

### 7.3.2 多项选择题

1. 随着计算机技术的发展，数据管理技术发展阶段一般可分为_____。

    A. 人工管理阶段　　　　　　　　　B. 文件系统阶段

    C. 数据库系统阶段　　　　　　　　D. 智能管理对象阶段

2. 下列说法正确的是_____。

    A. 数据库避免了一切数据重复

    B. 数据库减少了数据冗余

C. 数据库数据可被 DBA 认可的用户共享

D. 控制冗余可确保数据的一致性

3. 对于中小规模的 DBS 的用户有_____。

　　A. 数据库管理员　　　　B. 系统分析员　　　　C. 应用程序员　　　　D. 最终用户

4. 下面关于数据库基本概念的叙述中，正确的是_____。

　　A. DBS 包含了 DBMS　　　　　　　　B. DBS 包含了 DB

　　C. DBMS 包含了 DBS　　　　　　　　D. DBS 包含了 DBMS 和 DB 两者

5. E-R 模型的基本成分包括 _____。

　　A. 实体　　　　　　　B. 属性　　　　　　　C. 实体联系　　　　　　D. 键

6. 下面关于关系的叙述中，正确的是_____。

　　A. 一个关系是一张二维表　　　　　　B. 二维表一定是关系

　　C. 有的二维表不是关系　　　　　　　D. 同一列只能出自同一个域

7. 在 Access 表中，可以定义 3 种主关键字，它们是_____。

　　A. 单字段　　　　　B. VBA　　　　　C. 多字段　　　　D. 自动编号

8. 对于 Access 数据库，在下列数据类型中，可以设置"字段大小"属性的是_____。

　　A. 文本　　　　　B. 数字　　　　　C. 备注　　　　D. 自动编号

9. 在 Access 数据库中，下列关于表的说法，错误的是_____。

　　A. 表中每一列元素必须是相同类型的数据

　　B. 表中不可含有图形数据

　　C. 表是 Access 数据库对象之一

　　D. 一个 Access 数据库只能包含一个表

10. 下列关于查询的说法中，正确的是_____。

　　A. 可以利用查询来更新数据表中的记录

　　B. 在查询设计视图中可以进行查询字段是否显示的设定

　　C. 不可以利用查询来删除表中的记录

　　D. 在查询设计视图中可以进行查询条件的设定

### 7.3.3　判断正误题

1. 数据库系统的核心是数据库管理系统。　　　　　　　　　　　　　　　　　　（　　）
2. 在数据库系统的 3 个抽象层次结构中，表示用户层数据库的模式称为内模式。（　　）
3. 一个数据库只有一个内模式，但是可以有多个外模式。　　　　　　　　　　（　　）
4. 实体之间只存在两种联系，一种是一对一的联系，一种是一对多的联系。　（　　）
5. 在 Access 数据库中，打开某个数据表后，可以修改该表与其他表之间已经建立的关系。

（　　）

6. 二维表中的一列称为一个属性，每一列有一个属性名，在 Access 中将一列称为一个字段，每个字段都有字段名，每个字段名都互不相同。　　　　　　　　　　　　　（　　）
7. 如果字段内容为声音文件，则该字段的数据类型应定义为备注。　　　　　（　　）

8. 二维表中的一行称为一个元组，在 Access 中称为一条记录，Access 允许某一条记录与其他记录完全相同。　　　　　　　　　　　　　　　　　　　　　　（　　）

9. 关系中能够唯一标识一条记录的一个字段或几个字段称为主关键字。　（　　）

10. 关系应该具有的属性有：元组的个数有限并且各个元组可以相同，元组的次序可以交换，元组的分量是不可分的基本数据项。　　　　　　　　　　　　　（　　）

11. 实体完整性是指关系的主关键字不能重复也不能取空值，因此组成主关键字的每一个字段值都不能为空值。　　　　　　　　　　　　　　　　　　　　　（　　）

12. 第一范式要求关系中的每一个属性值都必须是不可再分割的数据项，不满足第一范式的数据库就是关系数据库。　　　　　　　　　　　　　　　　　　　（　　）

13. 关系与关系之间的联系是通过一个关系中的主关键字与另一个关系中的外部关键字实现的。参照完整性要求一个关系中外部关键字的取值只能是与其关联的关系的主关键字的值或者空值。　　　　　　　　　　　　　　　　　　　　　　　　　　　　　　（　　）

14. 投影运算是指从指定关系中选择出某些属性组成一个新的关系。　　　（　　）

15. 在 Access 数据库窗口的左上角是"快速访问工具栏"，在"快速访问工具栏"中，默认的命令包括"保存""最小化""最大化""关闭"等。　　　　　　　　　　（　　）

16. 选择"文件"选项卡，单击其中的"关闭"选项，可以关闭当前正在编辑的数据库文件，同时也退出了 Access。　　　　　　　　　　　　　　　　　　　　　（　　）

17. 使用 Access，可以将 Excel 中的数据导入 Access 数据库中。方法是：单击"外部数据"选项卡中的"Excel"按钮，在弹出的"获取外部数据 – Excel 电子表格"对话框中单击"浏览"按钮，在出现的"打开"对话框中选择需要导入的 Excel 表格，按提示操作即可。　（　　）

18. 在 Access 中，可以使用报表向导创建报表。方法是：打开数据库后，单击"创建"选项卡，选择其中的"报表"组中的"报表向导"命令，出现"报表向导"对话框后，按照提示操作即可。　　　　　　　　　　　　　　　　　　　　　　　　　　　　（　　）

19. 选择查询是最常用的查询类型，它是在一个或多个数据源中检索出满足条件的数据并在数据表视图中显示结果。方法是：打开数据库后，单击"数据库工具"选项卡，选择其中的"查询"组中的"查询向导"或"查询设计"命令，按照提示操作即可。　　　　（　　）

20. 通过一张表的主键与另一张表的外键来创建两张表之间的联系时，主键和外键这两个相关联的字段名称不但可以不同，并且数据类型也可以不同。　　　　　　（　　）

### 7.3.4　填空题

1. 学生教学管理系统、图书管理系统都是以＿＿＿＿＿＿为基础和核心的计算机应用系统。

2. 数据库管理系统常见的数据模型有层次模型、网状模型和＿＿＿3 种。

3. 在数据库技术中，实体集之间的联系可以是一对一、一对多或多对多的，那么"学生"和"可选课程"的联系为＿＿＿＿的联系。

4. 人员基本信息一般包括身份证号、姓名、性别、年龄等，其中可以作为关键字的是＿＿＿。

5. 在关系数据库中，从关系中找出满足给定条件的记录，该操作可称为＿＿＿＿。

6. 关系数据库管理系统能实现的关系的 3 种基本操作包括选择、连接和＿＿＿＿。

7. 数据库的完整性包括实体完整性、＿＿＿＿＿＿＿和＿＿＿＿＿＿。

8. 实体完整性是指一个表中主关键字的取值必须是确定的、唯一的，不允许为＿＿＿。

9. 对数据库系统进行日常维护的数据库管理员简称为_____。

10. 数据模型包括数据结构、数据操作和_____三部分。

11. 数据库是指按照一定的规则存储在计算机中的_____的集合，它能被各种用户共享。

12. 关系模型是用_____来表示实体集以及实体之间联系的模型。

13. 如果关系中的属性值或属性值的组合，能够唯一地标识一个元组，该属性或属性组合称为____。

14. 用二维表表示实体集时，每一行表示一个实体，每一列表示实体的一个_____。

15. 数据库的建立包括数据模式的建立和____数据。

16. 在 Access 中可以定义 3 种关键字，它们是自动编号、_____和多字段。

17. 数据管理技术的发展经历了 3 个阶段：人工管理阶段、文件系统阶段和_____阶段。

18. 数据库用户包括_____、应用系统开发人员和终端用户。

19. _____是数据库中存储的基本对象。

20. 关系中的每一个____都是不可再分的基本数据元素。

21. Access 是一种____型数据库管理系统(RDBMS)，它采用关系模型来组织、存储和管理数据。

22. Access 数据库的主要对象有表、_____、_____、报表、宏等。

23. Access 中使用参照完整性来确保相关表中的记录之间_____的有效性，并且不会因误操作而删除或更改相关数据。

24. _____类型的字段可以存放照片。

25. _____类型字段存放的是逻辑数据或者是只有两个值的字段数据。

26. Access 中创建表的方法包括使用_____创建表、使用数据导入创建表和通过数据表视图创建表。

27. _____对表中的数据提供了逻辑排序，可以提高数据的访问速度。

28. Access 中规定不能对_____类型和备注类型的字段创建索引。

29. Access 的选项卡位于标题栏的下方，单击不同的选项卡可以切换到不同的选项面板，每个选项面板有若干个_____，每个选项组中列出了若干个命令按钮。

30. 在 Access 的表设计视图界面上，表的字段属性有三个，分别是_____、数据类型、说明。

## 7.3.5　简答题

1. 数据管理技术的发展经历了哪几个阶段？各阶段与计算机技术的发展有何关系？
2. 数据库管理系统的功能包括哪几个方面？
3. 数据库系统由哪几部分组成？
4. 数据库系统中有哪几种数据模型？目前最常用的一种数据模型是什么？
5. E-R 方法的三要素是什么？
6. 简述数据库系统结构的三级模式的含义和二级映射的作用。
7. 比较 C/S 模式和 B/S 模式，简述其优缺点。
8. 常见的关系种类有哪几种？

9. 主流关系数据库产品有哪些?

10. 关系型数据库系统所采用的关系模型有哪些特点?

11. 名词解释:字段、记录、表、主键、联系。

12. 创建主键和索引的作用是什么?主键的基本类型有哪些?

13. Access 中用于字段定义的数据类型有哪些?

14. Access 导航窗格的作用是什么?

15. 查询的主要功能是什么?

16. 查询与数据表有哪些区别?

17. 在表间创建关联的前提是什么?

18. 查询的类型有哪几种?

19. 报表与窗体最大的区别是什么?

20. Access 主要提供了哪几种创建报表的方法?

# 7.4  习题参考答案

## 7.4.1  单项选择题答案

| | | | | | |
|---|---|---|---|---|---|
| 1. C | 2. A | 3. C | 4. C | 5. D | 6. B |
| 7. B | 8. C | 9. A | 10. B | 11. A | 12. D |
| 13. B | 14. A | 15. A | 16. B | 17. C | 18. B |
| 19. D | 20. A | 21. B | 22. A | 23. A | 24. C |
| 25. B | 26. C | 27. D | 28. C | 29. C | 30. A |

## 7.4.2  多项选择题答案

| | | | | |
|---|---|---|---|---|
| 1. ABC | 2. BCD | 3. ACD | 4. ABD | 5. ABC |
| 6. ACD | 7. ACD | 8. ABD | 9. BD | 10. ABD |

## 7.4.3  判断正误题答案

| | | | | |
|---|---|---|---|---|
| 1. √ | 2. × | 3. √ | 4. × | 5. × |
| 6. √ | 7. × | 8. × | 9. √ | 10. × |
| 11. √ | 12. × | 13. √ | 14. √ | 15. × |
| 16. × | 17. √ | 18. √ | 19. × | 20. × |

## 7.4.4  填空题答案

1. 数据库管理系统          2. 关系模型

3. 多对多              4. 身份证号

5. 选择              6. 投影

7. 参照完整性  用户自定义完整性    8. 空值

9. DBA

10. 数据的完整性约束

11. 数据

12. 二维表格

13. 主键

14. 属性

15. 输入

16. 单字段

17. 数据库系统

18. 数据库管理员

19. 数据

20. 属性

21. 关系

22. 查询　　窗体

23. 关系

24. OLE 对象

25. 是/否

26. 设计视图

27. 索引

28. OLE 对象

29. 选项组

30. 字段名称

### 7.4.5　简答题答案

(答案略。)

## 7.5　上机实验练习

### 7.5.1　实验一　创建数据库

#### 一、实验目的

熟练掌握两种创建数据库的方法。

① 使用样本模板创建数据库

② 创建空白数据库

#### 二、实验内容

1. 利用"学生"数据库模板创建一个名为 studentdb.accdb 的数据库,存放在 E:\mydata 中(该文件夹应该先行创建)。

2. 创建一个名为 mydb.accdb 的空白数据库,存放在 E:\mydata 中。

3. 比较前面两种方法创建的数据库有什么区别。

### 7.5.2　实验二　创建数据表

#### 一、实验目的

熟练掌握 3 种创建表的方法。

① 使用设计视图创建表

② 使用数据导入创建表

③ 使用数据表视图创建表

熟练掌握表结构的修改、主键的创建、数据表的保存和记录的添加等操作。

## 二、实验内容

1. 创建一个名为 xsgl 的数据库，存放在 E:\mydata 中。

2. 在数据库 xsgl 中，利用设计视图创建表，该表应符合以下条件。

(1) 表名为 xs(学生基本情况表)。

(2) 表中各个字段的定义如表 7-1 所示。

(3) 上面的工作完成之后，再向表 xs 中增加一个名为 rxsj 的字段，用来存放学生的"入学时间"，数据类型为日期/时间型，并且该字段是必填字段。

(4) 创建 xh 为主键。

(5) 保存表结构，表名为 xs。

(6) 在表中填入数据(记录)。

表 7-1　各字段的定义

| 字 段 名 称 | 数 据 类 型 | 字 段 大 小 | 是否必填字段 | 备　　注 |
|---|---|---|---|---|
| xh | 文本 | 9 | 是 | 学号 |
| xm | 文本 | 8 | 是 | 姓名 |
| xb | 是/否 | | 否 | 性别 |
| csrq | 日期/时间 | | 否 | 出生日期 |
| mz | 文本 | 8 | 否 | 民族 |
| rxrq | 文本 | | 否 | 入学日期 |
| rxcj | 数字 | 整型 | 是 | 入学成绩 |
| jl | 备注 | | 否 | 简历 |
| zp | OLE 对象 | | 否 | 照片 |

3. 在数据库 xsgl 中，通过数据导入创建表，导入一张名为"课程"的 Excel 工作表。

(1) 先在 Excel 表中输入表 7-2 所示的"课程"表的数据。

表 7-2　"课程"表中的数据

| 开 课 序 号 | 课 程 名 称 | 学 时 数 | 学 分 数 | 课 程 类 别 |
|---|---|---|---|---|
| 0626050 | 数据库原理及应用 | 64 | 4 | 基础课 |
| 0670009 | 高等数学 1 | 64 | 4 | 基础课 |
| 0690051 | 计算机科学导论 | 48 | 3 | 基础课 |
| 0690252 | 大学物理 1 | 48 | 3 | 基础课 |
| 1075201 | Java 语言程序设计 | 80 | 5 | 专业课 |
| 1075208 | 软件工程 | 48 | 3 | 专业课 |

(2) 在 Access 中用"导入数据表向导"导入数据。

(3) 在"导入数据表向导"中将"开课序号"作为主键,将表命名为"课程"。

4. 通过数据表视图创建一个名为 student 的表,其中的数据如表 7-3 所示。

表 7-3　student 表中的数据

| 学　　号 | 姓　　名 | 性　　别 | 年　　龄 | 专　　业 | 家 庭 住 址 |
|---|---|---|---|---|---|
| 202009412 | 庄小燕 | 女 | 24 | 计算机 | 上海市中山北路 12 号 |
| 202009415 | 洪波 | 男 | 25 | 计算机 | 青岛市解放路 105 号 |
| 202009102 | 肖辉 | 男 | 23 | 计算机 | 杭州市凤起路 111 号 |
| 202009103 | 柳嫣红 | 女 | 22 | 计算机 | 上海市邯郸路 1066 号 |
| 202007121 | 张正正 | 男 | 20 | 应用数学 | 上海市延安路 123 号 |
| 202007122 | 李丽 | 女 | 21 | 应用数学 | 杭州市解放路 56 号 |

### 7.5.3　实验三　数据表中数据的操作

#### 一、实验目的

熟练掌握输入表数据、修改表数据、删除表数据、记录的查找与替换、记录的排序和筛选等操作。

#### 二、实验内容

1. 在表 student 中添加一条新记录。

新记录的各字段值为:202007133,刘保国,男,21,应用数学,福州市解放路 56 号。

2. 修改表 student 中的第 2 条记录的数据。

3. 删除表 student 中的第 3 条记录。

4. 查找表中的"计算机"并替换为"计算机技术和应用"。

5. 将所有记录按"性别"升序排序。

6. 筛选出显示"性别"为"女"的记录。

### 7.5.4　实验四　建立表间的关联

#### 一、实验目的

熟悉创建和删除索引的方法。了解各种索引的区别和作用,以及为什么索引能提高表数据的访问性能。

了解表间关联的类型。熟悉建立表间关联的方法。

#### 二、实验内容

1. 在数据库 xsgl 中创建以下表。

(1) 表名为 kc(课程情况表)。

(2) 表中各个字段的定义如表 7-4 所示。

(3) 在表 kc 上创建基于字段 kch 的升序索引，并设置其为主索引和唯一索引。

表 7-4  各字段的定义

| 字 段 名 称 | 数 据 类 型 | 长 度 | 是否必填字段 | 备 注 |
|---|---|---|---|---|
| kch | 文本 | 4 | 是 | 课程号 |
| kcm | 文本 | 20 | 否 | 课程名 |
| xss | 数字 | 整型 | 否 | 学时数 |
| xf | 数字 | 整型 | 否 | 学分 |

2. 在数据库 xsgl 中创建以下表。

(1) 表名为 xk(学生选课情况表)。

(2) 表中各个字段的定义如表 7-5 所示。

(3) 在表 xk 上创建基于字段 kch 的升序索引和基于字段 xh 的升序索引(两个都是普通索引)。

表 7-5  各字段的定义

| 字 段 名 称 | 数 据 类 型 | 字 段 大 小 | 是否必填字段 | 备 注 |
|---|---|---|---|---|
| xh | 文本 | 9 | 是 | 学号 |
| kch | 文本 | 4 | 是 | 课程号 |
| cj | 数字 | 整型 | 否 | 成绩 |

3. 创建表 xs、kc 和 xk 之间的关联。

### 7.5.5  实验五 创建查询

#### 一、实验目的

熟练掌握创建查询的两种方法。

(1) 使用"查询向导"创建查询。

(2) 使用设计视图创建查询。

#### 二、实验内容

1. 利用"查询向导"在表 xs 上创建一个名为 xscx 的查询，要求显示学生的学号、姓名、性别和入学成绩。

2. 使用设计视图在表 xs 上创建一个名为 xbcjcx 的查询，要求检索出所有入学成绩在 480 分以上(包括 480 分)的男生的学号、姓名、性别和入学成绩。

### 7.5.6 实验六 创建报表

#### 一、实验目的

熟练掌握创建报表的几种方法。

(1) 使用"报表"按钮创建报表。

(2) 使用"空报表"按钮创建报表。

(3) 使用"报表向导"创建报表。

(4) 使用"报表设计"按钮创建报表。

#### 二、实验内容

1. 使用"报表"按钮,基于表 xs 创建一个名为 xbcjbb1 的报表,要求显示学生的学号、姓名、民族。

2. 使用"空报表"按钮,基于表 xs 创建一个名为 xbcjbb2 的报表,要求显示学生的学号、姓名、性别、出生日期。

3. 使用"报表向导",基于表 xs 创建一个名为 xsbb3 的报表,要求显示学生的学号、姓名、入学日期、入学成绩。

4. 使用"报表设计"按钮,基于表 xs 创建一个名为 xsbb4 的报表,要求显示学生的学号、姓名、性别、民族、简历。

# 第 8 章

# 微机的组装与维护

## 8.1 基本知识点

### 1. 微机的基本配置

**1) 微机系统的组成**

微机系统由硬件系统和软件系统两部分组成。硬件系统是指构成计算机的所有实体部件的集合，通常这些部件由电子元件、机械构件等物理部件组成。计算机系统的功能和性能很大程度上受到软件的影响，微机配置的基本软件有操作系统、办公软件、杀毒软件、网络浏览器，以及各种多媒体软件等。

**2) CPU**

CPU 的性能指标有：字长、核心数、CPU 频率、工作电压、快速缓存、支持的扩展指令集、生产工艺技术等。CPU 的插座规范可分为 Socket 和 Slot 两大架构。目前市面上的 CPU 以 Intel 和 AMD 的为主。

**3) 主板**

主板是微机的"心脏"。主板可分为整合型主板和非整合型主板。构成主板电路的核心是主板芯片组，其他组成部件还有：CPU 插座、内存插槽、硬盘和光驱插槽、PCI 插槽、PCI-E 插槽、ATX 电源插口、基本输入输出系统(BIOS)、后面板 I/O 接口、系统控制面板插针(前面板控制和指示接口)、CMOS 芯片、CMOS 芯片电源。

**4) 内存**

微机中的动态存储器主要采用同步动态存储器 SDRAM(Synchronous Dynamic RAM)和双速率 DDR SDRAM(Double Data Rate SDRAM)内存储器。RDRAM(Rambus DRAM)是另一种性能更高、速度更快的内存。

**5) 显卡**

显卡和 CPU 一样在硬件系统中占有举足轻重的地位。图形处理芯片是显卡的最主要部件。决定显卡品质的因素主要有以下几点：显卡的品牌、种类、封装方式、速度和带宽。

6) 显示器

显示器是微机最基本的，也是必配的输出设备。现在有 CRT(阴极射线管显示器)、LCD(液晶显示器)和 POP(等离子显示器)3 种类型的显示器。常用的是 LCD。

显示器的主要性能指标有：点距、像素和分辨率、刷新频率、显示器尺寸与显示面积、显示器的环保性能。

7) 其他外设

其他外设包括：硬盘驱动器和光盘驱动器、机箱、声卡等。

### 2. 微机硬件的组装

1) 准备工作

安装前的准备工作：选择一个合适的操作台；准备好各种应用工具；厂家的使用手册及驱动程序；要注意的一些事项；阅读主板说明书。

2) 主机安装

① 安装 CPU

② 安装内存

③ 安装主板

④ 安装显卡、声卡等扩展卡

⑤ 安装硬盘

⑥ 安装光驱

⑦ 电源及前面板的连接

3) 主机与外设的连接

① 鼠标、键盘的连接

② 显示器的连接

③ 声卡与音箱

④ 主机电源的连接

4) 通电初检

连接主机电源，若一切正常，系统将进行自检并报告显卡型号、CPU 型号、内存数量和系统初始情况等。如果开机之后不能显示或死机，说明系统不能正常工作，应根据故障现象查找故障原因。检查的方法一般可采用"拔插法"。

5) 拷机

拷机是让机器连续运行一段较长的时间，可以对整机的稳定性以及各个配件之间的兼容性进行检测。

### 3. 主机配置和运行环境的设置(BIOS)

1) 了解微机的 BIOS 和 CMOS

BIOS 是只读存储器基本输入输出系统的英文简写，它实际上是被固化到计算机中的一组程序，为计算机提供最低级的、最直接的硬件控制。CMOS 是互补金属氧化物半导体的英文缩写，其本意是指制造大规模集成电路芯片用的一种技术或用这种技术制造出来的芯片。在这里，通常是指微机主板上的一块可读写的 RAM 芯片。

2) BIOS 的功能

① 自检及初始化

这部分负责启动计算机，具体包含 3 个部分。第一个部分是计算机刚接通电源时对硬件部分的检测，也称为加电自检(POST)，其功能是检查计算机是否运行良好。第二个部分是初始化，包括创建中断向量、设置寄存器、对一些外设进行初始化和检测等，其中很重要的一部分是 BIOS 设置，主要是指对硬件设置的一些参数。最后一个部分是引导程序，其功能是引导 DOS 或其他操作系统。

② 程序服务处理和硬件中断处理

程序服务处理主要是为应用程序和操作系统服务，这些服务主要与输入输出设备有关，如读磁盘、文件输出到打印机等。

BIOS 的服务功能是通过调用中断服务程序来实现的，这些服务分为很多组，每组有一个专门的中断。每一组又根据具体功能细分为不同的服务号。应用程序需要使用哪些外设、进行什么操作只需要在程序中用相应的指令说明即可，无须直接控制。

3) 主板的 BIOS 设置

微机上常见的 BIOS 主要有 Award BIOS、AMI BIOS、Phoenix 和 MR BIOS 这 4 种。其中前两种较为常见。进入 BIOS 设置程序的方法是：计算机加电后，系统将会开始 POST(加电自检)过程，这时按 Del 键或同时按下 Ctrl+Alt+Esc 组合键即可进入 BIOS。

BIOS 设置的内容包括：标准 CMOS 设定；高级 BIOS 特性设置；高级芯片组特征；电源管理设置；PNP/PCI 配置；集成外设端口设置；PC 健康状态；频率和电压控制；设定管理员/用户密码；载入故障安全/优化默认值；保存/退出设置。

### 4. 微机软件的安装

一台新计算机安装软件的过程大致如下。

1) 硬盘分区

硬盘在使用前一般都要进行工作区划分，把一个物理空间分成若干个逻辑空间，并给每个逻辑空间分配一个逻辑盘号，如 C 盘、D 盘等，这样有利于文件的管理。

2) 格式化硬盘

硬盘分区后，必须对硬盘进行高级格式化操作，这样硬盘才能正常使用并启动系统。格式化硬盘可以通过 Windows 操作系统中的磁盘工具完成。

3) Windows 操作系统的安装

4) 常用硬件驱动程序的安装

驱动程序全称为"设备驱动程序"，是一种可以使计算机和设备进行通信的特殊程序。它相当于硬件的接口，操作系统通过这个接口才能控制硬件设备的工作。

(1) 安装主板驱动程序。

(2) 安装声卡、显卡、网卡等外设的驱动程序。

安装驱动程序的两种常用方法:一种是直接执行驱动程序的 Setup 或 Install 文件完成安装;另一种是手动安装。

### 5. 微机的常见故障及处理

1) 计算机的日常保养

(1) 计算机对环境的要求：温度应在常温环境下，即 10～45℃(摄氏)。湿度应在 30%～80% 的相对湿度环境下。计算机应该在一个相对干净的环境中运行。电磁干扰要少。计算机在工作时，应有良好的地线保护。

(2) 计算机的操作与使用注意事项：不要频繁地开关机；每隔一定时间(如半年)应对计算机进行清洁处理；最好不要在计算机附近吸烟或吃东西；在增、删计算机的硬件设备时，必须要断掉与电源的连接并确保在身体不带静电时，才可进行操作；计算机在加电之后，不应随意地移动和振动。

(3) 保护好硬盘及其上的数据。

2) 常见故障的分析及解决

微机发生的故障 70%是软件故障。一旦发生故障，首先要考虑是否是软件故障，而在软件发生故障时首先应考虑是否由病毒导致，消除病毒并证实软件没有问题后，再查找硬件故障。

常见故障有：机器启动失败故障；蓝屏死机故障；硬盘常见故障；主板常见故障；内存常见故障。

## 8.2　重点与难点

### 1. 重点

(1) 微机各部件的性能、类型、选购。
(2) 微机的硬件连接方法。
(3) BIOS 设置。
(4) 硬盘分区方法。
(5) 硬件设备的安装。

### 2. 难点

故障分析及处理。

## 8.3　习　　题

### 8.3.1　填空题

1. 在计算机系统中，CPU 起着主要作用，而在主板系统中，起重要作用的则是主板上的_____。

2. CPU 的主频等于_____乘以_____。

3. 对于机箱前面板信号线的连接，HDD LED 是指_____，RESET 是指_____。

4. 在拆装微机的器件之前，应该释放掉手上的_____。

5. 显存的种类主要有_____、_____和_____3 种。

6. 现在显示器市场上常见的安全认证有 TCO92、TCO95、TCO99 和 MPRII，从认证的等级和全面性来看，_____是最高级的认证。

7. 决定硬盘速度的最主要因素是_____。

8. 笔记本电脑中的 WiFi 是指_____。

9. 在早期的计算机中，硬盘与主板的数据线连接采用_____接口，当前的接口标准为_____。

10. 目前最常见的文件分配表是 FAT16、FAT32 和_____。

11. _____是一种可以使计算机和设备进行通信的特殊程序。

12. _____是从一个网络设备(如计算机)连接到另一个网络设备并传递信息的介质，是网络的基本构件。

13. 双绞线分为_____和_____两种。

14. 要排除故障并进入 Windows 的高级启动选项，应按_____键。

15. 对一些因安装了新软件或设置而引起的冲突可进入_____模式进行排除。

16. 目前使用的内存类型主要是_____。

17. 安装计算机前一定要将身上的_____释放，否则会对计算机中的电子元件造成损害。

18. CRT 显示器中，_____指屏幕上像素的数目；完成一帧所花时间的倒数称为垂直扫描频率，也称为_____。

19. Intel 系列的 CPU，主频=_____×_____。

20. 安装操作系统时，CMOS 中的 virus warning 应设置为_____，否则安装过程中会出现_____的现象。

21. 世界上最主要的两家 CPU 生产厂家是_____和_____。

22. CPU 插座有_____、_____及_____等几种。

23. ATX 架构的主板背面有 USB、_____、_____、_____、_____接口。

24. 在系统启动过程中按_____键可进入 CMOS 设置程序。

25. Security Option 安全设置选项可设置为_____或_____。

26. 硬盘的访问方式可设置为 Normal、Large 或 LBA 模式，当硬盘的容量超过 512MB 时，应选择_____较合适。

27. ATX 主板电源接口插座为双排____针。

## 8.3.2 判断正误题

1. Intel 芯片组的主板不可以搭配 AMD 的 CPU。　　　　　　　　　( )

2. 在资源管理器中，显示有 C:、D:、E:及 F:驱动器，其中 F:是光盘驱动器，可以断定，机器中安装了 3 个硬盘。　　　　　　( )

3. 双核 CPU 是指计算机中有两个 CPU。　　　　　　( )

4. AT、ATX 电源都支持软关机。　　　　　　( )

5. DDR1、DDR2、DDR3 这三种内存的规格不同，不能相互兼容。　　　　　　( )

6. 新购的硬盘一般先分区之后才能使用。　　　　　　　　　　　　　　　　（　　）

7. BIOS 是 Basic I/O System 的简称，BIOS 控制着主板的一些最基本的输入和输出。另外，BIOS 还要完成计算机开机时的自检，通常称为 POST(Power On System Test)。　　　（　　）

8. Cache 的设置影响机器运行的稳定性。　　　　　　　　　　　　　　　　（　　）

9. "FDD Controller Failure"表示硬盘控制器失效。　　　　　　　　　　　（　　）

10. 显示器屏幕刷新速度越快，需要的显存越大。　　　　　　　　　　　　（　　）

11. USB 接口设备可以带电插拔。　　　　　　　　　　　　　　　　　　　（　　）

12. NTFS 文件系统比 FAT 32 文件系统更能节省硬盘空间。　　　　　　　（　　）

13. BIOS 芯片是一块可读写的 RAM 芯片，由主板上的电池供电，关机后其中的信息也不会丢失。　　　　　　　　　　　　　　　　　　　　　　　　　　　　　　（　　）

14. SDRAM 内存的性能优于 DDR 内存的性能。　　　　　　　　　　　　（　　）

15. 为了保证计算机能够长期正常工作，必须有较合适的使用环境，其中包括供电环境、湿度、温度、洁净度、亮度、振动与噪音等。　　　　　　　　　　　　　　　（　　）

## 8.3.3　简答题

1. Intel CPU 的型号主要有酷睿 i3、酷睿 i5、酷睿 i7，请问它们的生产工艺如何，相比于以前的双核 CPU 主要区别是什么？

2. 一块主板的 CPU 插槽为 LGA 775，现有酷睿 2 E7500、酷睿 i3 2100、AMD 羿龙 II 几种 CPU 芯片，能够安装哪几种？

3. 简述计算机主板的基本组成部分。

4. ATX 主板与 AT 主板相比，在哪些方面有较大变化？

5. 内部频率、外部频率、总线频率之间有什么区别和联系？

6. 什么是 BIOS，什么是 CMOS，两者有何区别？

7. 找一块主板，说明它的 CPU 架构和结构，找出上面的 BIOS 芯片、芯片组、CMOS 芯片，并根据其芯片组型号说明主板的主要性能指标。

8. 研究某一具体主板的结构、功能，通过查看主板说明书，了解主板的物理结构及逻辑特性，如芯片组、总线、跳线、支持的 CPU 等。

9. PC 机的最小配置有哪几部分？

10. 怎样得出的计算机性能指标才是可信的？

11. 组装、拆卸计算机时的注意事项有哪些？

12. 选择主板时，主板与 CPU 有什么关系？

13. 选购计算机时是否应该挑选性能最佳的计算机？

14. 某硬盘的柱面数是 1024，磁头数是 128，扇区数是 63，该硬盘容量是多少吉字节？

15. 计算机显存的作用是什么？

16. 选购计算机后为什么要拷机？

17. 主板驱动程序的作用有哪些？

18. 对于一台新计算机，安装软件的主要过程是什么？

19. 安装驱动程序的常用方法有哪几种？

20. 说明 BIOS 与 CMOS 的关系。

21. 计算机启动时依照 BIOS 的内容主要完成哪些功能？

22. 怎样消除 BIOS 中的开机口令？

23. 简述微机的组装过程。

24. 在 CPU 和主存之间设置缓存的目的是什么？

25. 如果在打字时经常出现按下一个键，却输入了两个甚至三个字母，那么应该调整 CMOS 中的哪一项设置？

26. 微机中有哪些地方用到缓存的原理来提高速度？

27. 主板上的并行接口已坏，应该怎样处理？

28. ALL_IN_ONE 主板上的显示器接口已坏，应该怎样处理？

29. 怎样正确连接微机中的数据信号线？

30. 屏幕上出现下面的提示信息表示什么，应该怎样处理？

General reading error in drive d:

Abort，Retry，Fail?

31. 按总线类型划分，显卡分为哪几种？请按显示速度从快到慢的顺序列出来。

32. 一台微机开机后软驱指示灯一直亮，是什么原因造成的？应如何解决？

33. 某些设备前面带有黄色的"！"号或"?"号，各表示什么含义？

34. 系统中原有一个硬盘，现要加装一个硬盘，如果两个硬盘共用一条信号电缆，该如何设置？如果两个硬盘分别使用各自的信号电缆，又该如何设置？

35. 硬盘不能引导的故障应如何排除？

# 8.4 习题参考答案

## 8.4.1 填空题答案

1. 芯片组
2. 倍频　外频
3. 硬盘灯　复位开关
4. 静电
5. SDRAM　DDR SDRAM　DDR SGRAM
6. TCO99
7. 转速
8. 无线宽带或无线网络
9. IDE　SATA
10. NTFS
11. 驱动程序
12. 网线
13. 屏蔽　非屏蔽
14. F8
15. 安全
16. DDR
17. 静电
18. 分辨率　刷新频率
19. 倍频　外频
20. Disabled　无法安装
21. Intel　AMD
22. Socket 型　Slot 型　Super 型
23. 鼠标　键盘　串行口　并行口
24. Del
25. SETUP　SYSTEM
26. LBA
27. 20

## 8.4.2　判断正误题答案

1. √　　2. ×　　3. ×　　4. ×　　5. √
6. √　　7. √　　8. ×　　9. ×　　10. ×
11. ×　　12. √　　13. ×　　14. ×　　15. √

## 8.4.3　简答题答案

1. Intel 酷睿 i 系列的 CPU 当前的制作工艺已达到了 32 纳米级，与以前的双核 CPU(如酷睿 2 双核 E7500)相比，最主要的区别是 CPU 内部总线结构的不同，也就是核心代号不一样。

2. 如果 CPU 插座为 LGA 775，则 Intel 的酷睿 2 系列的 CPU 均可以安装，但不能安装酷睿 i 系列的 CPU；AMD 的 CPU 由于封装方式不同，不能安装于 LGA 775 插槽上。

3. 主要有：BIOS 芯片、I/O 控制芯片、键盘接口、鼠标接口、面板控制开关接口、指示灯插件、扩展槽、主板即插卡的直流电源供电插座。

4. AT 电源有自己独立的电源开关，其连线接到机箱前面板的电源开关按钮上。该电源主要输出 12V 和 5V 直流电压。ATX 电源支持先进的电源管理规范，它可以在 Windows 操作系统中执行"关机"命令后，将电源自动关闭，无须再另行关闭电源开关，因此 ATX 电源没有独立的电源开关。ATX 电源除输出 12V 和 5V 电压外，还提供 3V 电压，分别提供给不同的部件和设备使用。

5. 内部频率指 CPU 的工作频率。外部频率与总线频率都是指总线工作时的频率，是一个概念的两种称呼。内部频率等于外部频率与倍频的乘积。

6. BIOS，完整地说应该是 ROM-BIOS，是只读存储器基本输入输出系统的简写，它实际上是被固化到计算机中的一组程序，为计算机提供最低级的、最直接的硬件控制。准确地说，BIOS 是硬件与软件程序之间的一个"转换器"或者说是接口(虽然它本身也只是一个程序)，负责解决硬件的即时需求，并按软件对硬件的操作要求具体执行。

CMOS 是互补金属氧化物半导体的缩写。其本意是指制造大规模集成电路芯片用的一种技术或用这种技术制造出来的芯片。在这里，通常是指微机主板上的一块可读写的 RAM 芯片。它存储了微机系统的时钟信息和硬件配置信息等，共计 128 字节。系统在加电引导机器时，要读取 CMOS 信息，用来初始化机器各个部件的状态。它靠系统电源和后备电池来供电，系统掉电后其信息不会丢失。

由于 CMOS 与 BIOS 都与微机的系统设置密切相关，所以才有 CMOS 设置和 BIOS 设置的说法。CMOS RAM 是系统参数存放的地方，而 BIOS 中系统设置程序是完成参数设置的手段。因此，准确的说法应是通过 BIOS 设置程序对 CMOS 参数进行设置。而人们平常所说的 CMOS 设置和 BIOS 设置是其简化说法，也就在一定程度上造成了两个概念的混淆。

7. 略。

8. 略。

9. PC 机的最小配置有：主板、CPU、内存、显卡、硬盘、机箱、显示器、键盘、鼠标、操作系统。

10. 用可信的测试程序进行测试。

11. 注意事项如下。

(1) 在进行部件的连接时，一定要注意插头、插座的方向，一般它们都有防误插设施，如缺口、全角等。安装时要注意观察，避免出错。

(2) 在插拔器件、板卡时，要注意用力均匀，不要"粗暴"操作，但插接的插头、插座一定要到位，以保证接触可靠。不要抓住线缆插拔头，以免损坏线缆。

(3) 防止静电的危害。由于计算机中的器件大多是比较精密的电子集成电路，静电往往会对其造成损害。在安装前应先消除身体上的静电，如用手摸一下水管、暖气管等接地良好的物体。如果条件允许，最好佩戴防静电环。

(4) 在安装或拆卸任何部件前，务必先关掉电源，若是 ATX 电源，则最好先拔出电源插头。

(5) 在拆卸过程中，要认真做好记录，关键接插点要做好标记以便装回时使用。

12. 选择主板时，主板 CPU 插座的型号一定要与所使用的 CPU 架构相一致。

13. 不一定。计算机的选购应以此计算机将来的主要用途为依据，重点关注某一部件的性能，综合考虑性价比，选择一款最适合自己的计算机。

14. 容量为 $1024 \times 128 \times 63 \times 512 / (1024 \times 1024) = 4000 \text{(GB)}$。

15. 显存是显卡上的关键部件，是用来存储显卡 GPU(图形处理单元)所处理过或者将提取的渲染数据。

16. 拷机是让机器连续地运行一段较长的时间，可以对整机的稳定性以及各个配件之间的兼容性进行检测。对于品牌机来说，拷机则是一个必不可少的过程，在近乎残酷的环境下对机器进行高温老化测试，可以将各种质量问题消灭在出厂之前。对于每一个喜欢自己攒机的人来说，十分有必要认真做好这一步工作。

17. 主板驱动程序的作用主要有两点：一是让操作系统正确识别新推出的主板芯片组以充分利用；二是让操作系统支持新款芯片组所支持的新技术。

18. 对于一台新计算机，安装软件的过程大致如下。

(1)硬盘分区；(2)硬盘各区高级格式化；(3)安装操作系统；(4)安装各硬件的驱动程序；(5)安装应用程序。

19. 安装驱动程序的方法有：直接执行驱动程序完成安装；手动安装。

20. BIOS 中的系统设置程序是完成 CMOS 参数设置的手段；CMOS RAM 既是 BIOS 设定系统参数的存放场所，又是 BIOS 设定系统参数的结果。

21. (1)自检及初始化；(2)程序服务处理和硬件中断处理。

22. 切断电源，打开机箱，在 BIOS 芯片的旁边有一跳线设置，拔出后插入放电位置，片刻后重新插回原位置。

23. 微机组装的核心是主机部分的组装，无论是采用立式机箱还是卧式机箱，其组装方法基本相同，组装步骤如下。

(1) 摆放好全部配件，清理工作台面，将螺丝等小零件存放在容器内。

(2) 准备好机箱，打开机箱盖，检查并装好电源。

(3) 在主板上装好 CPU 芯片，对于需要安装风扇的 CPU 芯片，则要将风扇安装好。

(4) 在主板上装好内存。

(5) 将主板跳线按说明书及实际配置接好。

(6) 将主板固定在机箱中。

(7) 将机箱电源电缆连接到主板上。

(8) 将机箱面板上的各种开关、指示灯接线连接到主板上的相应跳线插针上，连接好 CPU 风扇的电源线。

(9) 将硬盘、光驱和软驱安装到机箱支架上。

(10) 连接软驱、硬盘和光驱的电源线插头。

(11) 连接软驱接口、IDE 接口与软驱、硬盘、光驱之间的扁平信号电缆。

(12) 将显卡安装到主板上。

(13) 将声卡、Modem 卡、网卡安装到主板上(可选设备)。

(14) 连接串行、并行接口插件连线(ATX 结构不必进行此步骤)。

(15) 连接显示器的信号线和电源线。

(16) 分别将键盘和鼠标连接到键盘接口和鼠标接口(PS/2)上。

(17) 进行通电前的安全检查，确认一切操作无误后，清除机箱内和工作台区域内多余的物品和工具等。

(18) 将主机的电源线插到交流电源插座上。

(19) 开机调试。

(20) BIOS 设置。

(21) 硬盘分区。

(22) 安装操作系统。

(23) 安装设备驱动程序。

(24) 安装应用软件。

24. 主存与 CPU 之间的缓存主要使 CPU 与主存的速度匹配。

25. 调整 CMOS 中的 Typematic Rate Setting(键入速率设定)。

26. CPU 中的缓存，CPU 与内存之间的缓存，接口卡上的缓存等。

27. 可以另外插入一块多功能卡。

28. 在主板的显卡插槽中插入一块与此主板显卡接口标准相符的显卡(当前一般为 PCI-E 型显卡)，并且在 BIOS 设置中关闭主板显示芯片的功能，启用外插显卡输出。

29. 注意防差错设施，注意数据线的红边要对应接口或设备的 1 号位置。

30. D 盘有误，可以对 D 盘进行磁盘扫描，如果还不能修复，只能重新格式化 D 盘。

31. AGP、PCI、EISA、ISA 等。

32. 可能是软驱数据线接反了。解决方法是：关闭电源，调整过来。

33. "!"表示驱动程序有误，"?"表示该设备不能被识别。

34. 若是共用一条信号电缆，则要把原来的硬盘设置为主硬盘，第二个硬盘设置为从属硬盘。如果分别使用各自的信号电缆，则都设置为主硬盘。

35. 硬盘的常见故障及处理方法如下。

1) 系统不能识别硬盘

系统从硬盘无法启动，从 A 盘启动也无法进入 C 盘，使用 CMOS 中的自动监测功能也无法发现硬盘的存在。这种故障大多出现在连接电缆或 IDE 端口上，硬盘本身故障的可能性不大，通过重新插接硬盘电缆或者改换 IDE 接口及电缆等进行替换试验，很快就会发现故障所在。如果新接上的硬盘也不被接受，一个常见的原因就是硬盘上的主从跳线存在问题。如果一条 IDE 硬盘线上接两个硬盘设备，就要分清楚主、从关系。

2) CMOS 引起的故障

CMOS 中硬盘类型的正确与否直接影响硬盘的正常使用。现在的机器都支持 IDE Auto Detect 的功能，可自动检测硬盘的类型。当硬盘类型错误时，有时干脆无法启动系统，有时能够启动，但会发生读写错误。比如 CMOS 中的硬盘类型小于实际的硬盘容量，则硬盘后面的扇区将无法读写，如果是多分区状态，则个别分区将丢失。还有一个重要的故障原因，由于目前的 IDE 都支持逻辑参数类型，硬盘可采用 Normal、LBA、Large 等，如果在一种模式下安装了数据，而又在 CMOS 中改为其他模式，则会发生硬盘的读写错误故障，因为其映射关系的改变，导致无法正确读取原来的硬盘位置。

3) 主引导程序引起的启动故障

主引导程序位于硬盘的主引导扇区，主要用于检测硬盘分区的正确性，并确定活动分区，负责把引导权移交给活动分区的 DOS 或其他操作系统。此段程序损坏后将无法从硬盘引导，但从软驱或光驱启动之后可对硬盘进行读写。修复此故障的方法较为简单，使用高版本 DOS 的 FDISK 最为方便。当带参数/mbt 运行时，将直接更换(重写)硬盘的主引导程序。实际上硬盘的主引导扇区正是此程序建立的，FDISK.EXE 中包含有完整的硬盘主引导程序。虽然 DOS 版本不断更新，但硬盘的主引导程序一直没有变化，从 DOS 3.x 到 Windows 98 的 DOS，只要找到一种 DOS 引导盘启动系统并运行此程序即可修复。

4) 分区表错误引发的启动故障

分区表错误是硬盘的严重错误，不同的错误程度会造成不同的损失。如果没有活动分区标志，则计算机无法启动。但从软驱或光驱引导系统后可对硬盘进行读写，可通过 FDISK 重置活动分区进行修复。

如果是某一分区类型错误，可造成某一分区的丢失。分区表的第 4 个字节为分区类型值，正常可引导的大于 32MB 的基本 DOS 分区值为 06，而扩展的 DOS 分区值是 05。很多人利用此类型值实现单个分区的加密技术，恢复原来的正确类型值即可使该分区恢复正常。

分区表中还包含其他用于记录分区起始或终止地址的数据。这些数据的损坏将造成该分区的混乱或丢失，可采用的修复方法是用备份的分区表数据重新写回分区表数据，或者从其他的相同类型并且分区状况相同的硬盘上获取分区表数据。

恢复工具可采用 NU 等工具软件，其操作非常方便。当然也可采用 DEBUG 进行恢复操作，但其操作烦琐并且具有一定的风险。

5) 分区有效标志错误的故障

在硬盘主引导扇区中还存在一个重要的部分，那就是其最后的两个字节："55aa"，此字节为扇区的有效标志。当从硬盘、软盘或光盘启动时，将检测这两个字节，如果存在则认为有硬盘存在，否则将认为硬盘不存在。另外，当 DOS 引导扇区无引导标志时，系统启动时将显示"Missing Operating System"。

6) DOS 引导系统引起的启动故障

DOS 引导系统主要由 DOS 引导扇区和 DOS 系统文件组成。系统文件主要包括 IO.SYS、MSDOS.SYS 和 COMMAND.COM。DOS 引导出错时，从软盘或光盘引导系统后使用 SYS C: 命令传送系统，即可修复故障，包括引导扇区及系统文件都可自动修复到正常状态。

7) FAT 表引起的读写故障

FAT 表记录着硬盘数据的存储地址，每一个文件都有一组 FAT 链指定其存放的簇地址。FAT 表的损坏意味着文件内容的丢失。

庆幸的是 DOS 系统本身提供了两个 FAT 表，如果目前使用的 FAT 表损坏，可用第二个进行覆盖修复。但由于不同规格的磁盘其 FAT 表的长度及第二个 FAT 表的地址是不固定的，因此修复时必须查找其正确位置。一些工具软件(如 NU 等)本身具有这样的修复功能，使用起来也非常方便。采用 DEBUG 也可实现这种操作，即采用其 m 命令把第二个 FAT 表移到第一个表处。如果第二个 FAT 表也损坏了，则无法将硬盘恢复到原来的状态，但文件的数据仍然存放在硬盘的数据区中，可采用 CHKDSK 或 SCANDISK 命令进行修复，最终得到*.CHK 文件，这便是丢失 FAT 链的扇区数据文件。如果是文本文件，则可从中提取出完整的或部分的文件内容。

8) 目录表损坏引起的引导故障

目录表记录着硬盘中文件的文件名等数据，其中最重要的一项是该文件的起始簇号。目录表由于没有自动备份功能，因此如果损坏将丢失大量的文件。一种减少损失的方法是采用 CHKDSK 或 SCANDISK 程序进行恢复，从硬盘中搜索出*.CHK 文件，由于目录表损坏时仅是首簇号丢失，因此每一个*.CHK 文件即是一个完整的文件。将其改为原来的名字即可恢复大多数文件。

9) 误格式化硬盘数据的恢复

在 DOS 高版本状态下，FORMAT 格式化操作在默认状态下都建立了用于恢复格式化的磁盘信息，实际上是把磁盘的 DOS 引导扇区、FAT 分区表及目录表的所有内容都复制到了磁盘的最后几个扇区中(因为后面的扇区很少使用)，而数据区中的内容根本没有改变。这样通过运行 UNFORMAT 命令即可恢复。另外，DOS 还提供了一个 mirror 命令，该命令用子目录备份当前磁盘的信息，供格式化或删除之后的恢复使用，此方法比较有效。

## 8.5 上机实验练习

### 8.5.1 实验一 主机的安装与连接

**一、实验目的**

1. 了解主板的整体布局、总线类型及各种接口的名称和使用方法。
2. 掌握 CPU 的识别及安装方法，了解 CPU 与主板的匹配情况。
3. 掌握内存的识别及安装方法。
4. 学会阅读主板说明书并能根据说明书进行主板设置，学会主板的固定方法，掌握主板的跳线方法，掌握主板电源电缆的连接方法。
5. 掌握机箱接插件的连接方法。
6. 掌握软盘驱动器、硬盘、光驱及串行/并行接口的安装和连接方法。
7. 认识常用的适配卡，如显卡、声卡，掌握适配卡的安装和固定，学会声卡与光驱音频线的连接。

**二、实验器材**

主板一块，主板说明书一本，CPU 一块，CPU 风扇一只，内存数条，机箱一个，软盘驱动器一个，硬盘一块(根据机箱情况选择硬盘固定架)，光驱一个、软驱电缆一根、硬盘电缆两根，串行、并行接口插件一套(ATX 机箱不需要)，以及其他的一些必备工具。

**三、实验内容**

**1. CPU、内存的安装及主板跳线的设置**

(1) 取出 CPU，观察其标注，记录其生产厂家、型号、主频、外频、倍频、供电电压等数据(如标注为 Pentium II/450，则厂家为 Intel、型号为奔腾二型、频率为 450MHz、外频为 100MHz、倍频为 4.5、电压为 2.0V)，如果 CPU 本身没有风扇(如赛扬、K6、MII 等)，要准备好 CPU 风扇。

(2) 取出主板，观察主板的组成及布局。分清主板类型(Socket 7、Super 7、Socket 370、Slot 1 或其他)、总线类型，认识 BIOS、CMOS、KBBIOS、晶振、芯片组等部件，明确该主板应如何配置 CPU 及内存。

(3) 对于 ZIP 架构主板，找出主板上的 CPU 插座，将 ZIP 插座的扳手扳起，将 CPU 对准插座的方位轻轻插入插座，确保 CPU 所有的针脚都插入插座后，一手按住 CPU，一手将 ZIP 插座扳手扳下(扳下扳手时如果比较吃力，不能硬扳，应松开扳手，将 CPU 从插座上取下，重新安放后再扳)。

现在的 CPU(如酷睿 i 系列)都是触点式 CPU，压杆之外多了一个扣盖(保护盖)。安装前先用力下压、侧移压杆，打开压杆后才能打开扣盖，利用插槽和 CPU 上的凹凸点来确定处理器的安放位置；CPU 安放到主板 CPU 槽内就不能再移动了，CPU 的触点很容易因位移而受损；将主板口盖轻扣在处理器上，然后，用食指将压杆压倒在初始位置，CPU 即安装完成。

(4) 安装 DDR 内存。将内存缺口一端与主板内存插槽有突起斜面的一端对齐，斜放于槽中，然后水平推动内存，使内存插槽上的卡子将内存卡紧，注意观察内存是否与插槽配合紧密，否则应将内存取下重新安装。

(5) 取出主板说明书，查看其关于跳线部分的说明，按照说明书的要求，依次对 CPU 供电电压、CPU 类型(厂家及型号)、外频、倍频、CMOS 写入等进行跳线设置；安装 CPU 风扇，将CPU 风扇电源线连接到主板上。按步骤(1)~(5)仔细检查每一步操作，确保正确无误。

通读主板说明书，了解此主板有何特点，其性能指标有哪些。

### 2. 主板的固定和接插件的连接

1) AT 结构主板和 AT 机箱

(1) 拆开机箱，取出机箱中的附件，将螺丝等小零件放入盖子或其他大口容器内。清点塑料卡、带有螺纹的金属圆柱和螺丝(注意螺丝有粗、细螺纹两种)。

(2) 双手按在墙面或其他接地良好的物体上，释放掉身上的静电。

(3) 将主板放入机箱，根据主板上安装孔的位置选择好机箱上对应的安装孔位置。

(4) 将金属圆柱固定在主板上，为保证主板的稳固，至少要固定两个金属圆柱。

(5) 将塑料卡的尖头插在主板安装孔上(与金属圆柱对应的安装孔除外)，塑料卡的布局要合理，要使主板的每个角都得到固定和支撑。

(6) 将主板上的塑料卡对准机箱的位置安放好，并将主板向右(或左)移动，使主板固定在机箱上。

(7) 将绝缘垫套在螺丝上，然后用螺丝将主板固定在螺柱上，用手移动主板，若主板没有丝毫松动，则表示已固定好。

(8) 在机箱电源输出插头中找出两个带有 6 个针脚的插头 P8、P9，插入主板电源接口。连接时 4 根接地黑线必须在中间(即 P8 和 P9 黑线靠黑线)。

(9) 将机箱电源开关与电源相连(注意：黑、白颜色的线不能在开关的同一侧，机箱电源上一般都带有连接说明)。

(10) 根据主板说明书将机箱面板上的指示灯和按钮连线的接插件与主板上相对应的跳线一一对应连接好。

2) ATX 结构主板和 ATX 机箱

(1) 拆开机箱，取出机箱中的附件，将螺丝等小零件放入机盖或其他容器内。

(2) 将主板放入机箱，根据主板上安装孔的位置调整好机箱上对应的金属支撑圆柱的位置，将绝缘垫套在螺丝上，然后用螺丝将主板固定在机箱上，用手移动主板，若主板没有丝毫松动，则表示已固定好。

(3) 在机箱电源输出插头中找出一个带有 20 个针脚的插头，插入主板电源接口。

(4) 将机箱电源按钮与主板的电源接口相连。

(5) 根据主板说明书将机箱面板上的指示灯和按钮连线的接插件与主板上相对应的跳线一一对应连接好。

### 3. 驱动器的安装与连接

(1) 将光驱跳线设置为主盘，固定在机箱 5.25 英寸设备支架上。

(2) 将软盘驱动器固定在机箱 3.5 英寸设备支架上，如果无法用螺丝固定另一侧，可将支架从机箱上卸下后再固定软驱。

(3) 取出硬盘，观察硬盘的主、从跳线状态，跳线应在主盘状态，否则应设置新跳线。

(4) 将硬盘固定在机箱 3.5 英寸设备支架上(如果不能固定，应先将硬盘固定架固定在硬盘上，之后将硬盘连同固定架固定在机箱 5.25 英寸设备支架上)。

(5) 将机箱电源上的电源插头分别连接在硬盘、光驱和软驱上。

(6) 将一条 IDE 信号电缆的一端连接在硬盘上，另一端连接在主板的主 IDE 接口上，注意电缆红边与 1 号插针相对应。

(7) 将另一条 IDE 信号电缆的一端连接在光驱上，另一端连接在主板的从 IDE 接口上，注意电缆红边与 1 号插针相对应。

(8) 将软驱信号电缆反扭一端的插头连接在软驱上，另一端连接到主板的软驱接口上，注意电缆红边与 1 号插针相对应。

(9) 将串行接口和并行接口电缆连接在 AT 结构主板的相应接口上，注意电缆红边与 1 号插针相对应，然后将接口板固定在机箱上(对 ATX 主板不必进行此操作)。

**4. 适配卡的安装**

(1) 取出显卡，辨别其总线方式，认识卡上的显示缓存。

(2) 打开机箱，将显卡插入扩展槽内(ISA、VESA、PCI、ACP 等显卡要插入其对应的扩展槽)。

(3) 依次将其他适配卡插入与其总线方式相匹配的扩展槽中，对同一总线的扩展槽可以任意选择，但应注意适配卡在各插槽中的位置应相对均衡，以利于散热。

(4) 适配卡的触角应完全插入扩展槽，以避免因接触不良造成故障。检查无误后，将适配卡用螺丝固定在机箱上。

(5) 将音频线的一端连接到光驱的 Audio-Out 接口，另一端连接到声卡的 CD-IN 接口。

## 8.5.2 实验二 开机检测及 CMOS 设置

**一、实验目的**

1. 学会开机前的检查步骤，并能根据开机时的现象判断并排除简单故障。
2. 掌握开机时出现严重故障时的处理方法。
3. 掌握 CMOS 的基本设置方法。
4. 掌握面板上的按钮、指示灯的调整方法。

**二、实验器材**

安装并连接好的微机系统一套、镊子一把。

**三、实验内容**

1. 双手按在墙面或其他接地良好的物体上，释放掉身上的静电。
2. 按顺序检查主板电源、跳线是否正确，CPU 和内存是否正确安装，硬盘、光驱和软驱的电源电缆、信号线是否正确连接，机箱内是否有遗落的螺丝、金属碎屑或其他物品。

3. 检查主机与显示器是否已正确连接，确保其电源开关已经关闭，将主机电源电缆插在电源插座上。

4. 接通显示器电源，再接通主机电源，注意观察主机有无异常现象，如果有打火花、冒烟、焦糊味等现象产生，应立即切断电源，认真检查故障原因，确保找到并排除故障后才能再次开机。

5. 如果安装没有错误，显示器将正常显示。如果显示器没有任何显示，且电源已接通，则可能是出现了致命性错误，请参阅相关章节进行检查排除。

6. 当屏幕显示"按 Del 键进入 BIOS 设置"时，按 Del 键可进入 BIOS 设置的 SETUP 程序 (CMOS 设置)。

7. 进入标准 CMOS 设置(Standard BIOS Setup)，设置日期、时间、软驱型号等项。

8. 进入 BIOS 特征设置，将驱动顺序设为"A：C："。

9. 进入 IDE 硬盘自动检测项，检测并设置硬盘参数。

10. 选择保存并退出设置。

11. 检查面板上的按钮和除硬盘指示灯以外的指示灯连接是否正确，如有错误可进行调整。

## 8.5.3　实验三　软件的安装与设置

### 一、实验目的

1. 掌握 Windows 10 的安装方法。
2. 掌握显卡、声卡等硬件设备在 Windows 10 中的设置。
3. 学会对有问题的硬件设备进行调整。
4. 学会即插即用和非即插即用设备的安装方法。
5. 进一步掌握硬件设备的调整方法。

### 二、实验器材

安装并连接好的微机系统；Windows 系统安装盘；设备驱动程序。

### 三、实验内容

#### 1. Windows 系统的安装和硬件设备的设置

(1) 准备好可自启动的 Windows 10 安装 U 盘。
(2) 安装 Windows 10 系统。
(3) 设置显卡和声卡，使系统可以正常发声和正确识别显卡。
(4) 对有冲突和问题的设备进行调整。

#### 2. 新设备的添加和设置

(1) 准备好新硬件，并仔细阅读产品说明书。
(2) 关闭主机电源，打开机箱。
(3) 选择好合适的扩展槽，将扩展槽对应的挡板拆下来。

(4) 将适配卡插入扩展槽，用螺丝固定在机箱上。

(5) 将适配卡的连线接好。

(6) 检查无误后，打开显示器和主机电源。

(7) 系统启动后，即插即用型设备随即就可以被系统发现，并自动显示"添加新硬件向导"，根据提示安装驱动程序即可。

(8) 非即插即用型设备在系统启动时不能被发现，要通过选择"控制面板"中的"添加新硬件"选项进行搜索。

(9) 如果安装的设备发生了资源冲突，设备将无法正确使用，此时要对该设备占用的系统资源进行调整。